大夏书系·数学教学培训用书

数学，究竟怎么教

戴曙光 著

华东师范大学出版社

全国百佳图书出版单位

目 录
contents

序 │ 在追问中悟道 / 任　勇 / 1

第一编 │ 数学，究竟教什么

教什么好比供应，如果盲目供应，或供大于求，或供不应求，或供非所求，都会出问题的，所以，弄清楚教什么，必须先弄清楚需求——为什么学与考，从而平衡好供求关系，才能确定教什么。

问题一　我为什么要学数学 / 3

反思 1　三个"不等号"引发的质疑 / 4

反思 2　"考场状元"是怎么造就的 / 11

反思 3　数学教育遭遇的三大挑战 / 15

问题二　我为什么要考数学 / 21

反思 1　是谁让考试走了歪路 / 22

反思 2　应试能力不等于应试教育 / 27

反思 3　让"考试能手"成为"职场能手"/ 32

问题三　我教什么样的数学 / 42

　　反思 1　数学基础的重新定位 / 42

　　反思 2　教有用的数学 / 51

　　反思 3　教有趣的数学 / 63

第二编｜学生，究竟怎么学

　　"怎么学"好比接收，如果盲目接收，或不想接收，或者没有能力接收，或者接的东西是有害的，同样出现问题。所以必须弄清楚接收者是怎么想的，是怎么接收的，接收时会出现哪些问题。

问题一　学生是怎么想的 / 79

　　研究 1　学生是有想法的 / 80

　　研究 2　学生是怎么想的 / 87

　　研究 3　学生的想法很简单 / 96

问题二　学生是怎么学的 / 104

　　研究 1　学生是会学习的 / 104

研究 2　学生是怎么学的 / 111

研究 3　学生的学习假象需警惕 / 117

问题三　学生是怎么成长的 / 125

研究 1　学生是在哪里学的 / 126

研究 2　学生受谁的影响 / 131

研究 3　学生需要什么帮助 / 135

第三编｜教师，究竟怎么教

如果把教材当作供应者，把学生当作接收者，那么教师就是传输者，传输不当，或传输得过多，或传输过少，对学生的学习都是有害的。教师要想传输得科学、适当、通畅、有效，就要尽量拉近供应者（教材）与接收者（学生）的距离，灵活地处理教材，使数学学习活动贴近学生的实际，从而实现三种思维活动的统一。

策略一　儿童化的教学之术 / 145

方法 1　教学设计儿童化 / 146

方法 2　教学过程儿童化 / 155

方法 3　教学方式儿童化 / 165

策略二　**数学化的教学之道 / 173**

方法 1　形象与抽象中互动 / 174

方法 2　迁移与转化中变通 / 179

方法 3　联系与对比中聚焦 / 186

策略三　**前置式的教学之变 / 195**

方法 1　从先教向先学转变 / 197

方法 2　从先学后补向先补后学转变 / 205

方法 3　从课外作业向课内作业转变 / 212

附　录 / 219

后　记 / 221

序　在追问中悟道

任　勇[①]

　　第一次见到戴老师，是在我的办公室。那天他和朱永通老师一起来，大家谈数学，谈数学教育，谈厦门教育，其乐融融。戴老师当时给我的印象是儒雅的，他对教育尤其对数学教育有独到的见解。

　　后来，在北师大海沧附校，我多次在教育论坛上听到他富有哲理的讲演，在教研活动中多次分享他精彩平实的点评，在教育刊物上读到他的多篇文章，我又发现戴老师还是睿智的。

　　近年来，我国基础教育界关注教师的教学主张。教学主张，就是教师对教学的一种见解、一种思想，也就是教师的教学观。如李吉林的"情境教育"，窦桂梅的"主题教学"，邱学华的"尝试教学"，孙双金的"情智教学"，张齐华的"文化数学"等，就是这些名师的教学主张。正当我深感厦门少有教学主张的老师时，我惊喜地收到了戴老师送给我的他的新著《简单教数学》，我眼睛一亮，这不就是戴老师的教学主张吗？

　　教学主张是卓越教师的品牌内核。大凡成功的、有影响的教学名师和流派均有自己鲜明的、独特的、坚定的教学主张。

　　前不久，我收到戴老师发来的他的新著《数学，究竟怎么教》的电子版，一看书名我就被吸引住了，因为书好读，我竟然用了一个晚上的时间就粗读完全书，第二天我又细读了一遍。

　　书分三章写，实则是三问。

① 任勇，厦门市教育局副局长，数学特级教师，享受国务院政府特殊津贴专家，获"苏步青数学教育奖"一等奖，教育部"国培计划"首批专家。

第一问：数学，究竟教什么？

数学教什么？传授知识？培养能力？渗透方法？提升兴趣？学会应用？或许都有一些。国家不是编写教材给你了嘛，你"教教材"不就好了？不！课改追求的理念是"用教材教"。教师还要把握教材、吃透教材、激活教材、改组教材、拓展教材。

第二问：学生，究竟怎么学？

学生怎么学，非常重要。一个学生要想取得优良的学习效果，单靠教师教得好、教得得法是不行的，他自身还必须学得好、学得得法。长期以来，我们多研究教，少研究学。实践证明，忽视了学，教也失去了针对性，减弱了实效性。

第三问：教师，究竟怎么教？

教师怎么教？教需有法，教无定法。大法必依，小法必活。"儿童化的教学之术"，让我们耳目一新；"数学化的教学之道"，让我们辩证思探；"前置式的教学之变"，让我们看到了数学课改理念"融入教学实践"的一个成功的生动的样本。

朴素的追问，没有华丽的词句，却问在点子上，探在关键处，答在合情中。

教育之事，过于理想走不动，没有理想走不远。怎么办？当理想遭遇现实挑战时，考量着我们的教育勇气和智慧。戴老师的追问，就是勇气，就是智慧。在追问中我们逼近了教育的本真，在追问中我们悟出了教育之道。

《简单教数学》，让我感受到大道至简之境界；《数学，究竟怎么教》，让我感受到问道至极之境界。

说到境界，多曰"三重"。此时，我们已经感受到戴老师数学教育到达"第二重境界"了，也许过不了多久，戴老师的第三本新著，将带领我们走进数学教育的"第三重境界"。

我们期盼着……

第一编

数学，究竟教什么

数学，究竟教什么？这是一个看似幼稚的问题。

这一"幼稚"的问题，容易被人们忽略。

数学老师思考最多的是：数学，究竟怎么教？却鲜有老师静下心来思考：我要教给学生什么样的数学？

然而，正是这一"幼稚"的问题，对于数学老师来说，是何等的重要！如果没有把这个问题想清楚，可能你正在努力教好数学，却不是在教正确的数学。

教什么是方向，是目标；怎么教是策略，是方法。方向与目标模糊不清，策略与方法就失去了它应有的意义。

因此，我们首先应该厘清：数学，究竟教什么？

教什么好比供应，如果盲目供应，或供大于求，或供不应求，或供非所求，都会出问题的，所以，弄清楚教什么，必须先弄清楚需求——为什么学与考，从而平衡好供求关系，才能确定教什么。

"教什么"这一编，重点讨论以下三个问题：

第一个问题：我为什么要学数学？

第二个问题：我为什么要考数学？

第三个问题：我教什么样的数学？

问题一
我为什么要学数学

女儿贝贝上了大学后，像变了一个人似的，对专业学习非常用心，一有时间就泡在图书馆，学业成绩一直名列前茅。

大学毕业后，贝贝到德国留学。

上大学前，贝贝是个成绩平平、爱偷懒的孩子。小学时，贝贝偷偷向前一届学生借练习册，轻轻松松地抄了两年的家庭作业。我这个当老师的爹竟然被这"小屁孩"忽悠了两年。

读大学后，是什么激发了她学习的干劲？这让我感到好奇。

放暑假了，女儿回到家，我得问个明白："小时候，为什么背着老爹偷抄别人的作业？"

女儿的回答让我感到意外："爸爸，小时候天天上课呀、作业呀、背诵呀，不知道为什么要学这令人头大的数学，所以我就另辟蹊径了！"

"上大学了，怎么就认真了，每年都拿一等奖学金？"

"我选择的是自己喜欢的专业，知道学好这个专业是有用的！"

哦，原来如此！

有些孩子不喜欢数学学习，是否也是这原因呢？如果是这原因，那就不足为怪了！

我猜想，孩子幼小的心灵，也许会不自觉地冒出这个问题：我为什么要学数学？

如果学生不明白为什么要学数学，往往会出现这样的结果：为了满足家长和老师的要求，只好盲目地强迫自己去学习数学——有些像我女儿一样"聪明"的家伙，就会另辟蹊径，要么偷抄作业，要么潦草应付。

由此，教师应该自觉地面对同一个问题：学生为什么要学数学？

如果教师也没有弄明白学生为什么要学数学，必然的结果是稀里糊涂地走在没有目标或者错误目标的教学道路上，学生又会面临怎样的境地呢？

一个教师非常认真地在做没有方向或方向错误的数学教育，结局是多么可怕啊！

因此，"学生为什么要学数学？"自然成为本书首先要反思的话题。

现在，请先随我一起从以下三个角度来思考这个问题。

反思1　三个"不等号"引发的质疑

学好数学，考出好成绩，上一所好大学，就能有一个比较好的工作，改变自己的命运，这是小时候父母亲经常告诫我们这些穷孩子的话。

为了考上大学，有一份好工作，过上比较好的生活，这是学数学的一个重要缘由。

小学毕业考、中考、高考，数学都是一门重要的考试科目。人们常说："学好数理化，打遍天下都不怕。"可以看出数理化的重要性，其重要性直接体现在中高考上，影响中高考成绩，从而决定了重点高中与大学的录取。无论家长和学校，对数理化都相当地重视。

数理化三科，数学又是最为重要的基础学科，从幼儿园开始就接触数学、学习数学，小学、中学、大学的学习，数学都是一门必修的学科。而小学没有理化，只有数学，数学学好了，中学的理化没有太大问题。

那么，长大后，离开学校，也就离开了数学考试，学好数学的理由就更高尚一些了。从个人角度来看，学好数学，提高解决数学问题的能力，提升自己的生活水平和生活质量；从社会角度来说，学好数学，做一个有用的人，为社会作出更大的贡献。

然而，像我这样四十几岁的群体中，数学成绩好的，真的能活得好，对社会的贡献大吗？

这个问题值得我们每个教育工作者好好去琢磨。

思考这个问题之前，先容我讲一讲下面这个对我触动非常大的故事：

按现在流行的标准，我的一位年龄相仿的朋友郭总，可谓货真价实的成功人士。跟郭总聊天，常会激发我回头思考教育的问题。

郭总为孩子的学习而苦恼，找我问计。聊起学校读书的事，难免会勾起儿时的往事。他滔滔不绝地说开了。

还小的时候，他是班上最调皮的学生，经常挨班主任老师的批评和惩罚，学习也是最差的一个，由于记恨班主任老师，有一次纠集了几个同伙，潜进了老师家，"偷"走了几只鸡，抱着鸡跑到村头河边沙滩上烧烤，还未品尝到鸡肉的香味，就被老师跟踪发现，在"犯罪"现场逮了一个正着。

小学毕业时，由于成绩很差，没有考上初中。离开学校时，班主任老师还送给他一句话："你这小子，长大后肯定要进'那个地方'！"

不言而喻，"那个地方"指的是牢房。

长大后体检当上兵，在部队里历练了几年，退伍后到了厦门打拼。从一个建筑工人开始干起，慢慢当了小工头，现在成了大老板、企业家。

幸运的是，他没有进小学班主任说的"那个地方"。

在艰苦创业的过程中，慢慢感受到学习的重要性，郭总花了几十万人民币读厦门大学的MBA，读清华的"大款班"。教授的课让他知道自己的钱是怎么来的，自己的企业是怎么发展壮大的，为什么赚了钱要去做善事……

每次回老家，他总要做三件事。第一件事是，准备两瓶茅台去拜访小学时的班主任，他成为班里学生与班主任关系最好的一个；第二件事是，向儿时读书的小学捐款20万元；第三件事是邀请儿时的同学聚会。

聊了一会儿，郭总给我提了一个他始终想不明白的问题：同学聚会时，总是小时候在班主任家"偷"鸡的那几个"坏蛋"买单，而学习很好、经常受老师表扬的那几个同学，大多在做小生意维持生计，生活困难。为什么会出现这种情况？

郭总的问题让我一时无法回答上来，于是约好第二天继续聊这个话题。

难道这是个案？

在我的同学中，很多学习成绩好的同学的确也不如当时"最落后"的。

我给几个朋友打电话，把同样的问题抛给他们，朋友们也有同样的感受。

晚上，我辗转反侧，无法入睡。回想小时候的学习生活，似乎找到了答案。

第二天，我们如约在一个咖啡馆喝茶，我开玩笑说："幸运的是，你没有被套进老师为你定制的笼子里。"

"小时候读书，老师没有给我们造笼子呀！"

"有的，这只笼子会害人，只要钻进去，很难逃出来。"

"什么笼子？"郭总不得其解。

"这只笼子看不见，孩子们只要被套进去，就没有自由，思维受限制，被禁锢，会做题而不会做事。"我郑重其事地说。

"是应试教育的笼子！"郭总若有所悟。

"应试教育的笼子是怎样的？"郭总像小孩子一样好奇。

"小时候，老师是怎么教我们语文的？"我开始启发与引导。

"背生字、生词，给课文分段，背课文中心思想，没有一点意思！"郭总毫不犹豫地说。

"数学呢？"

"计算，每天就计算，更没意思！"

"学这些，对你现在的工作有用吗？"

"没有多大用！谁还会那样算，我有计算器。"郭总似乎明白了许多，一个劲地笑。

"在笼子里面的学生，反反复复地看笼子里面的东西，考试也是考笼子里面的内容，因此，他们的'成绩'比笼子外的学生好；在笼子外的学生，不受笼子的禁锢与束缚，活动空间大，能看到外面的世界，虽然'成绩'不如笼子里面的学生，但他们有灵活性与创造性。"我继续解释。

"哦！明白了！以后要经常跟你这样的人聊天。"郭总似乎认同我的观点。

……

郭总小时候是典型的"坏孩子"，学习成绩差使他在小学五年级就停止了学校学习的脚步，经过他多年的努力（社会学习），成就了一番事业。我们无法臆断郭总与他学习成绩好的同学幸福指数的高低，因为幸福感在人的心里，与钱的多少很难画等号。但从郭总身上可以印证一点：小时候的数学学习，与长大后取得的成就（个人财富以及社会贡献等）不能简单画等号。

郭总是山区学校里的孩子，他那些所谓学习好的同学到了县城读初中后，成绩保持很好的不多。而那些中学时真正书念得很好的学生，毕业后的表现又如何呢？

回答这个问题前，我们不妨先读读中国社科院的一则调查报告：

中国恢复高考以来 3300 名状元中，无一人成为行业领袖，100 位科学家、100 位社会学家、100 位企业家中，除科学家的成就与学校教育有一定关系外，其余与学校教育没有正相关关系。

通过核查"2007 中国高校杰出校友排行榜"的杰出人才发现，在"杰出企业家"中没有一位是高考状元，通过调查中国两院院士、外国两院院士、长江学者和长江学者成就奖获奖人等专家名单，均没有出现高考状元的名字，同样在"杰出政治家"中也没有出现高考状元的影子。这说明了高考状元尚未出现在主流行业的"职场状元"群体中，状元仅是"考场状元"，尚未成为"职场状元"。

中科院的这则报告说明"考场状元"≠"职场状元"，或者可以这么说，"考场能手"≠"职场能手"。学校教育到底是为了培养"考场能手"还是"职场能手"？当然是"职场能手"，通过培养"考场能手"，最后成就"职场能手"和"职场状元"。

为什么我们总是能制造"考试状元"，而"考试状元"却无法成为"职场状元"呢？

2013 年 10 月 25 日《北京晚报》的一则关于"数学滚出高考"的报道，从一个侧面回答了这个问题。

继北京高考英语降分引发热议，数学又引发了大家的集体吐槽，对于高考数学，网上喊"滚"一片，并纷纷吐槽被数学虐待的那些年。新浪微博关于"数学该滚出高考吗"的调查显示：截至今日，已有近 10 万网友参与投票讨论。其中，7 万多网友支持数学滚出高考，称自己仅是"做题机器"，实际生活中广泛使用的只有加减乘除，仅有 2 万多网友表示"学习数学能培养逻辑思维能力"。

"数学该滚出高考吗"的问卷调查结果，暂且不去追究其真实性与准确性，作为数学教育工作者，应从网络上的民意，敏锐地发出对数学教育有价值的追问：

难道数学学习对人的成长真的无用吗？

小时候，我们学习的是什么样的数学？

小时候，老师是怎么教数学的？自己是如何学习数学的？

小时候所学的数学，哪些记忆深刻？哪些已经彻底被遗忘？

小时候所学的数学，是否在我的生活和工作中发挥了作用？起到了多大的作用？

小时候所学的数学，哪些在我的工作和生活中发挥了作用？哪些数学学习是无用的，甚至是起反作用的？

……

带着这一连串的问题，我"采访"了许多同事和朋友，说法虽不尽相同，但意思基本一致：

小时候学的数学知识忘得差不多了。

小时候学的数学知识在工作和生活中运用得不多。

小时候学习的数学主要是计算与解题，比较枯燥无味。

小时候学习的数学与现实有很大差异，数学学得比较好的学生，在解决实际生活问题时并不占多大的优势。

……

一句话，小时候数学学习的成绩，不能与解决实际生活问题的能力画等号。我到厦门买房，经历了一次深刻的"自我教育"。

买了几套房，自认为使用数学头脑买出了水平。到厦门后买的一套房，却买出了三个数学问题。

第一个问题：

2008年下半年，全球金融危机让房地产市场雪上加霜，每个售楼部门庭冷落时，我却走了进去，享受各种优惠政策：每平方米减400元，省了6万多；贷款按首套房计息并七折优惠；160平方米按普通住房贷款。按这样计算，每个月的还贷就比原来节省1000多元。

有两种还贷方式供我选择，一种是等量还贷；一种是递减还贷。等量还贷是把本金和利息平均分配到每个月还，递减还贷是前期还得多，逐月递减，按数学方法计算，20年可以少还2万元左右。

2万元对于我来说不是个小数目，我毫不犹豫地选择了"递减"还贷，立马与银行签了合同。

回到家，我很得意地跟老婆汇报房贷成果，没想到，老婆给我泼了一盆冷水：天上不可能掉下馅饼，银行又不是傻瓜！

是呀！银行为什么给我2万元钱呢？

哦，节省2万元的代价是先期还款多，按现在国家每年印刷人民币总量的13.6%计算，20年后，2万元是什么概念啊！人民币好使的时候还款多，人民币不断贬值后，还款少了。

提取爱人的公积金还款，需要打印一张还款清单，才发现：每月还款本金不变，而是利息在递减，越往后，利息越少，也就是说，前面多还的是利息。

"上当了！"我惊呼。

我这个数学老师，而且是特级教师，竟然在选择"递减"和"等量"还贷问题上出了差错。

如果按纯数学思维计算，"递减"还贷可以省钱，但加入人民币等变化因素考虑，结果就不一样了。

第二个问题：

买了这套房子用什么来付首付呢？从一个城市到另一个城市生活，首先想到的是，把原来居住的房子卖出，所得的钱作为买新房的首付，我采取了这种办法。

然而，这一招又失策了。

在明知商品房涨价的情况下，却放弃了涨的机会，如果原来的房子不用卖，房价已经涨了60万，但首付哪里来呢？

更加明智的做法是，把原有的房产抵押贷款，来支付新房的首付，虽然每个月还款增加，但那时还是有能力解决这个问题的。

这样，把原来的房子留住，新房又买成了，变一套涨为两套涨了。

换个角度思考问题，其结果就不一样了。

第三个问题：

一家三口，孩子出国留学，结婚后也不会和我一起住，平时只有我和爱人住着一套 160 平方米的"豪宅"，有时下班回家，爱人在厨房或卧室，一见面被吓一跳。

如果当初买八九十平方米的房子两套，自住一套，另一套出租或转卖，会是什么结果呢？

2008 年买的 160 平方米的房子每平方米 5200 元，一共花了 83 万元，现在房价每平方米在 1.8 万元左右，如果买两套 80 平方米的房子，总价基本不变。现在把其中的一套房出售，价格是 144 万元，去除原来买两套的钱，还多出了 61 万元，也就是说，如果这样运作的话，相当于一分钱都不要，买了一套 80 平方米、价值 144 万元的房子，还赚了 61 万元。

原来，买房子，可以变出 200 多万元啊！

唉，我这个数学特级教师，遇上买房，也会买出这么多的问题！

我想：如果郭总去买房，可能就多变出 300 万元！

买房买出的三个问题告诉我：考场上的数学与生活中的数学不太一样！

回到以前的学校教育，分析当下的数学教学，评价一个学校的最为重要的指标是这所学校的考试成绩，相应的评价教师最重要的指标是所任教班级学生的考试成绩，老师最为重要的任务是培养学生成为会考试的人，而试题提供的解决问题的条件是对应的，根据试题所提供的条件，就能解决相应的问题。然而，在现实生活中，影响解决问题的条件，远比试题提供的多，需要选择条件，甚至没有条件，需要自己去创造条件。因此，解决现实问题比解决教材中的数学问题更有挑战性和创造性，当学生遇到现实生活中的实际问题时，就不知所措了。

因此，买房会买出数学问题，就不足为怪了！

显然，"考场状元"并不等于"职场状元"，那是什么成就了像郭总这样的"职场状元"呢？

成就郭总这样的"职场状元"的法宝无疑是"实战经验"，"实战经验"就是在现实生活中遇到了问题，然后解决问题，有些是从失败中积累的经验，这种"实战经验"目标很明确，能真正地解决现实中的问题。

难道孩时缺少"实战经验"的数学教育？答案是肯定的！

由此，我们会对小时候的数学甚至现在的数学教学有所质疑：缺乏"实战经验"的数学教学结果是什么？

2014 年厦门市中考结束后，作为学校副主考的我，自然关心同学们的考试情况。大家反映这年数学试题太难，我就到网上搜索试卷。没搜到 2014 年的，倒是找到了 2013 年的。我就想证实一下自己还能做几道题。没想到，每一道题看下来，一片空白！我这个参加过全国初中数学奥赛的"尖子生"，初中数学知识全"还"给老师了。

再进一步设想：如果我现在没有任教小学数学，小学高年级的题又会做多少呢？在教学每一个数学内容时，如果没有教学参考书或其他教学资料，我是否能胜任数学教学呢？

学生辛辛苦苦学数学，最终目的仅仅是为了成为"考场状元"或"考场能手"？

反思 2 "考场状元"是怎么造就的

小时候的"考场状元"是怎么造就的？

经常重温自己的生命成长过程，是一种很好的学习方式。我常常会从自己的切身经历中悟到一些教育教学的原理，并以之指导我的工作。我经常唤醒孩提时难忘的学习记忆，陷入无尽的思索：小时候，我们是怎样学习数学的？老师是怎样教数学的？教材中提供了什么样的数学内容？

有必要回顾小时候的数学学习，试图寻找炼就"考场状元"的"法宝"，从而分析"考场状元"之所以无法成为"职场状元"的原因，最后找到"数学，究竟教什么"的答案。

我小时候用的数学书名叫《算术》，主要内容是计算与应用题。老师的主要任务是教会学生加减乘除计算和解应用题。

母亲常常教导我：读好书，将来吃"国家粮"、领工资。我也很努力地学习，但总是学不好。小学毕业考试时，数学只得了 25 分。

小时候不明白为什么努力了，成绩总是不好。现在分析起来，才明白其中的道理。

小时候，我们是这样学数学的：

首先，规定好的法则禁锢思维。

小时候，老师是这样教我们算术的：两个数相加，从个位加起，满十进一；两个数相减，个位减起，不够减，向前一位借一当作十，与被减数的那一位数加起来再减；只有加减或只有乘除法，按从左往右的顺序计算；既有加减，又有乘除，先算乘除，后算加减；有括号的先算括号里的……

然而，这些重要的运算法则的记忆，恰恰在禁锢孩子们的思维。有例为证：

学生根据法则计算：

$6 \times 7 - 6 \times 3 = 42 - 18 = 24$

有了法则，就像有了法宝，学生就不会算成：

$6 \times 7 - 6 \times 3 = 42 - 6 \times 3 = 36 \times 3 = 108$

然而，每一个算式都是对现实事物的符号表征。$6 \times 7 - 6 \times 3$ 表示 7 个 6 减去 3 个 6，学生可能会这样做：

$6 \times 7 - 6 \times 3 = 6 \times 4 = 24$

也许根据法则计算降低了出错的风险，但计算机械而生硬；而 7 个 6 减去 3 个 6 等于 4 个 6 的计算是否更加有血有肉、有意义和创造性？如果老师强调法则，而忽略法则背后的现实存在，学生的思维就被禁锢，成为做题机器。

这样，我们就不难理解，新教材逐步淡化计算法则，是为了给学生留出更大的思维与创造的空间，在多样化计算中作出判断和选择。

数学的加减乘除，学生在学校整整要练上 12 年，这 12 年里，耗费的时间无法计算，当遇上"189×68"这样的计算时，恐怕没有一个人能口算出来，大家会拿出手机或计算器解决此类问题。也就是说，小时候从一年级到高三每天都在训练，花费了大量的时间与精力提高计算技能，而现实是，计算能力训练得再好都比不上利用手机、计算器等电子设备来得速度快而准确。

那么，我们为什么要求学生反复地训练此类计算题呢？是呀！我们这代人读书的时候，手机与计算器还没有使用，需要用笔算，因此提高笔算能力在当时的背景下显得很重要，无论数有多大，必须能做到熟练计算。但是，当时培养的人是过十年、二十年以后发挥作用的人，我们所教的数学应该是孩子们长大后使用的数学。

问题是，这个世界变化太快了，小时候的老师无法预测他们所教的数学知识与技能在学生长大后是否有用，因此，计算法则（技能）成为数学教学最为重要的部分。如今，计算在数学中的地位还是非常高，在电子技术相当先进的今天，计算教学的意义到底在哪里呢？我们还按小时候教材里的计算法则教学生提高计算速度与准确率吗？

那么，伴随学生终身发展的计算素质究竟是什么呢？

其次，背出来的知识扼杀兴趣。

小时候，老师是这样教我们学习语文的：一是找生字词，查字典背诵；二是分段，概括段落大意并背诵；三是概括中心思想并背诵。

给课文分段，老是分不清楚，最后还是老师给出答案；当老师了，教了两年语文才知道，如果没有参考书，老师分段也分不清楚。语文老师给我们改了一篇又一篇的作文，可我最为头疼的就是写作文。出来工作后，看了许多书，论文自然会写了。花时间最多的是背课文，几乎每一篇课文都要背，至今没有一篇课文记住了。

到了初中，遇到了最让我头疼的学科——英语。老师告诉我们：学习英语唯一的方法就是背。一开始，我强迫自己努力地背英语单词，背的方法是在英语单词旁注上汉语，如：what's this（我死你死）。

数学也是一样，背诵是重要的学习方式。一是背概念，背诵什么叫加法、减法、乘法、除法，什么叫体积、面积，什么叫分数；二是背法则，背多位数的读写法、混合运算法则、分数大小比较方法、分数的基本性质等；三是背公式，背图形周长、面积、体积计算公式，每份数、份数与总数，以及路程、速度与时间关系的计算公式等……

记得减法和除法分别是加法和乘法的逆运算。加法的定义是：求两个数的和是多少的运算，叫加法；减法的定义是：已知两个数的和与其中一个加数，求另一个加数的运算，叫减法；乘法的定义是：求几个相同加数的和的简便运算，叫乘法；除法的定义是：已知两个因数的积与其中一个因数，求另一个因数的运算，叫除法。学习概念、背诵概念，是为解决数学问题服务的，然而，在解决实际问题时，有谁会按照加减乘除的定义来分析与思考问题？

如：树上有 5 只鸟，飞走了 3 只，树上还剩几只鸟？用减法 5-3=2（只）计算。一个盘子里有 5 个苹果，另一个盘子里有 3 个梨，苹果比梨多几个？也用减法计算。如果用减法的意义分析，应该这样想：已知两个加数的和是5，其中一个加数是3，"还剩几只？"或"多几个？"是求另一个加数，所以用减法计算。没有一个孩子会根据减法的意义来分析与思考问题的。

那么，背诵这些形式上的机械定义有什么作用呢？

最后，套出来的方法培养"机器"。

小时候印象最为深刻的是解答分数应用题，老师为了提高我们作业的正确率，要求背三个公式：单位"1"的量 × 分率 = 对比量，对比量 ÷ 分率 = 单位"1"的量，对比量 ÷ 单位"1"的量 = 分率。

如何套用公式呢？老师也有绝招。

比如："跳绳的小朋友有6人，是操场上参加活动总人数的几分之几，操场上有多少人参加活动？"是谁的几分之几？是"总人数"的，那么"总人数"就是单位"1"的量，几分之几是分率，跳绳的人数是对比量，那么这道题是求单位"1"的量，用除法计算。

如果题目变为"跳绳的小朋友有6人，比操场上参加活动的总人数少几分之几，操场上有多少人参加活动？"老师又会告诉你：比谁多或比谁少，那么，这个"谁"就是单位"1"的量，少，说明分率是"1- 几分之几"，为什么是"1- 几分之几"呢？怎么也搞不清楚了。

试卷里经常出现这样的填空题：63是7的（ ）倍，（ ）是7的9倍，63是（ ）的9倍；或一个数是另一个数的几分之几的相应数学题。老师是这样教我们的：如果要求几倍或几分之几，用除法；如果求"是"字前面的数用乘法；如果求"是"字后面的数用除法。那么，学生做题时先找"是"字在哪里，然后选择用乘法还是用除法计算，再填空。

试想，这样教出来的学生不就成为"做题机器"了吗？

因此，小时候，按照老师的要求天天背概念、背法则，套用公式解决问题，感受到的是学习数学的无趣无味。小学毕业考后，我的成绩为76分（语文和数学的总分），数学只得了25分。

规定好的计算法则，背出来的数学知识，套出来的数学方法，培养出来的自然是生搬硬套的人——这样的人，遇到实际问题就束手无策了。

难怪那么多"考场能手"很难与"职场能手"画等号！

所幸的是，紧随时代发展的步伐，小学数学课程标准非常明确地指出数学学习的目标是："通过义务教育阶段的数学学习，学生能获得适应社会生活和进一步发展所必需的数学基础知识、基本技能、基本思想和基本活动经验。"

反思3 数学教育遭遇的三大挑战

21世纪初，课程改革在全国展开，首先从教材改起，并重新制定了新的课标。课改15年，数学教育的确发生了很大的变化，变化最为明显的是在注重知识与技能的同时，关注学习过程与方法、情感态度与价值观。

然而，我们在回顾小时候的数学学习，对小时候的数学教育提出批评的同时，是否也在思考，我们现在的教育对象长大后，回顾他们小时候的数学学习时，可能也会对我们现在的数学教育有质疑？

因此，我们有必要反思甚至质疑现在的数学教育是否适应现在的学生，现在的数学教育是否能培养未来社会发展所需的人才。

如今，观念要变，内容要改，方式要变，但教育又遭遇新的挑战。

挑战1：怎么让数学好玩

数学教师每天都在教数学，家长每天都在督促孩子学好数学，学校每年都要组织数学考试，这样的工作年复一年、日复一日，成为家常便饭。数学教师每天依据教材落实每一个教学内容，学生每天完成老师布置的作业，家长每天接送孩子上下学……这些工作都被认为是天经地义的事。

有几个教师、学生、家长认真思考过学习数学到底有什么用？

成年人尚且对数学内容有正确的判断力，儿童呢？他们只能盲目地跟着老师学习教材里提供的数学知识，在这个五彩缤纷、信息爆炸的世界里，时间长了，孩子们是否能坚持努力学习书本上的数学呢？

小时候，老师与父母亲都告诉我们："孩子啊！读好书，考上了大学，就能吃上'国家粮'，远离'脸朝黄土背朝天'的贫困生活。"每到农忙和暑假，我们的确经历了太阳底下劳作的辛苦，在学校里学习比农田劳动、上山扛柴轻松得多，知道读好书能改变现状，不管学的是怎么样的知识，都要努力学习。

用父母的话激励女儿这一代人，显然不太管用，我们会说："孩子啊！

读好书，考上大学，能够找到比爸爸妈妈还要好的工作，过更好的生活。"可孩子不知道父母的工作有多好，可能凭着好胜心争取比别人学得好。

因此，到了女儿这一代，令我们最为困惑的是：小时候，我们那一代人如何刻苦努力，现在的孩子怎么会这么懒呢？

现在的孩子衣来伸手，饭来张口，无论你怎么跟孩子说，学好数学多么重要，许多孩子总是无动于衷。

我们又更郁闷：现在的孩子又比 1990 年代的孩子懒，真是一代不如一代啊！作为教师和家长，用什么来激励现在的孩子努力学习呢？

用传统的办法激励衣食无忧的 21 世纪新一代显得那么的苍白无力。唯一的选项是激发他们的好奇心和求知欲，提供好玩的数学。

但是，现在的数学学习真的好玩吗？

就以计算教学为例，1980 年代，没有计算机，人们只好用笔算解决生活中的问题，那个时候，特别重视计算，甚至是高难度的计算，计算能力成了数学最为重要的技能；1990 年代，随着计算器的使用，老师们还把计算当作最为重要的内容，就相当于浪费了许多宝贵的时间；孩子们长大了，来到了 21 世纪，没有人用笔算解决比较难的问题了，这个时候才想起来给计算减轻负担。

现在你就会明白，教师一直强调计算对于考试的重要性，加强计算的训练，提高计算的准确率，而学生却在偷偷拿出计算器或手机完成老师布置的计算作业。

学生不听讲的原因很简单，他们有高科技办法准确地计算，为什么还用无趣的"土"办法解决问题呢？

然而，哪个数学老师有胆量放松对笔算的要求？

如果放松笔算的要求，必然会"死"得很难看。考试还是不允许学生带计算器，一张试卷里，各种题型的解答都需要计算，计算不熟练，考试成绩可想而知。

不难理解，老师们感觉现在学生的计算能力远不如以前的学生，成绩也不如从前的学生，归因为基础不扎实。

在这种教育背景下，老师们迫不得已强调笔算的重要性，要求学生的笔算达到自动化程度，减少由于笔算造成的失误。

要达到自动化的熟练程度，唯一的办法是多练，学生的大部分时间花在重复的计算训练上了。

重复的计算训练绝不是好玩、有趣的一件事，学生的心理负担还是过重。在这种情形下，学生自然就会拒绝学习而慢慢地变得"懒惰"，老师与家长只好用"威胁"的手段强迫学生学习。

俗话说：强扭的瓜不甜。在这样的数学学习过程中，学生能喜欢上数学吗？如果学生不喜欢数学学习，又怎么能学好数学呢？

那么，让学生喜欢上数学，我们该做些什么呢？

挑战2：怎么让数学留下

有人说：什么叫素质？就是当你所学的知识忘得差不多，留下来的那部分就叫素质。老师们想得更多的是，如何让学生学得更多，而很少人重视学生留下得更多，而学得更多并不等于留下得更多，"考场状元不等于职场状元"的现状证实了这一点。

那么，我们需要的是留下得多，还是学得多？当然是留下得多。要让学生留下得多，就需要改变我们的教与学的方式。

课改课改，口头上要说，但做出来的与口头上说的一致，才真正课改了。俗话说：说起来容易，做起来难哪！

这里有一个非常典型的案例。

学校为了节省打印纸张，控制打印数量，减轻学生课后作业负担，要求老师们打印材料需向主管教学的我申请。

英语组的林老师拿着一张批条找我签字，需要打印全校每天的单词背诵作业，通过这张作业来促进家长配合落实。

这是好事呀！英语老师们有想法，有措施，有责任心，我毫不犹豫地签了字，同意他们打印作业。

参加小学英语的一次教研活动，我发现几位老师评课中出现最多的一个词汇是：操练。怀着对英语学习"操练"的好奇心，我到图书馆借来英语课程标准学习，翻来覆去也没有看到一个"操练"，这才猜测英语老师可能没有研读课标。

于是我在不同的场合试问了几个英语老师：小学阶段必须掌握多少个英语单词？一位老师说是600个，另一位老师说是300个，第三位老师说是 280 个。

英语老师们没有去研读课标，这是多么可怕的一件事啊！原来每天一张的英语单词背诵作业就是"操练"。

如果不操练，学生能消化这些英语单词吗？答案是肯定的。

如果小学阶段要掌握 600 个单词，那么小学 6 年，每周 2 节课，按一年 40 周计算，就有 480 节课，每节课只要掌握 2 个单词就超额完成任务；如果是 300 个和 280 个，每一节课掌握 1 个单词就完成任务了，为什么要一张张单词背诵作业，还要家长签字呢？

一张张英语单词的记忆自然是为了取得好成绩，但这些英语单词没有用在生活中，没有用在口语对话中，怎么让学生体会到英语学习的"趣"和"用"？无怪乎中国的学生用了最多的时间学英语，英语成绩也很"优秀"，但走出国门，却张口说不了英语。

如果不讲普通话，语文老师每天在课堂上教字、词、句，学生记住的字、词、句再多，也很快会忘记的。

学习英语需要语言环境，学习数学也一样，需要数学环境，无论数学怎样操练，解决问题有多么的熟练，当学生走进社会，在生活与工作中从来不用数学时，数学也就忘记了。

能够留下来的数学，一定是往后在工作与生活中有意与不经意间发挥作用的数学，正如数学课程标准指出的：数学教学就应该引导学生学会从数学的角度发现问题和提出问题，综合运用数学知识解决实际问题，增强应用意识，提高实践能力。

但早已习惯了"操练"的我们，是否忘记掉：真正有价值的数学，是能够留下来的数学！

挑战 3：怎么让数学面向未来

作为当下的数学教师，正在做当下的教育工作，我们现在是怎样教数学的？当然，我们会说：十几年的课改，改变了我们的教育观念和教育方式，学生的主体地位进一步得到确立，学生的素质得到了提高。

但是，当前教育的改变，跟得上我们身边发生的变化吗？

我想：未必！

在朋友的"引诱"下，我使用了手机微信，每次接触现代化"武器"，都会让我感觉世界变化是如此之快。

朋友给我发来一则微信，吸引了我的眼球。微信内容是：

当摩托罗拉还沉醉在 V8088 的时候，还不知道诺基亚已迎头赶上。

当诺基亚还注重低端市场时，乔布斯的苹果已经潜入。

当苹果成为街机的时候，三星已经傲视天下。

当中国移动沾沾自喜为中国最大的通讯商时，浑然不觉微信客户已突破4 个亿。

当很多人还在想租个门面房做个小生意时，光棍节一天中国互联网创造天价成交额。

女儿出国了，每天来一个微信视频，这在五年前是不可思议的事；五年前，国内国外只能电话联系，而就是电话联系，在十年前也是不可思议的事。

当我们的学校在不断扩张（城市化、集团化、大班化）的时候，发达国家却努力把学校越做越"小"（小班化、小学校）。

……

世界变化怎么如此之快！

这些变化无疑是观念的变化、思维方式的变化、创新意识与创新能力的变化。

经济社会快速发展的时代，你很难想象十年、二十年后的社会是什么样，就像十年、二十年前，不会想到现在能拥有一辆自己的车，不能想象现在家里就可以买衣服、家具……不能想象从一个城市到另一个城市可以坐速度惊人的动车，不能想象中国的"玉兔"上月球……

这个世界的事物瞬息万变，但有一个东西是恒定不变的：教育是为了成全每一个学生，让他们的人生幸福美满！

那么，在这个教育目标不变的前提下，现在的数学教育观念要顺时而变，数学教育的核心目标也要重新定位，数学教育的内容自然需要改进，数学教育的方式需要随之改变。

我们要关注当下，更要放眼未来！

反思完毕。我的三个反思所要探讨的问题虽有所交叉，但各有侧重。

反思 1 侧重从"有用"的角度探讨数学的学习价值问题；反思 2 侧重从"有趣"的角度探讨数学的学习动力问题；反思 3 侧重从"挑战"的角度探讨数学教育的育人目标问题。

放眼未来，我们为什么要学习数学？

毫无疑问，数学对学生走进未来社会是有用的。

然而，学习有用的数学，需要持之以恒的动力，这个动力哪里来？

毫无疑问，来自学生学习数学的兴趣。

反思至此，我们是否可以初步回答"我为什么要学数学"的问题：

数学是有用的！

数学是有趣的！

回答了"我为什么要学数学"，"数学，究竟教什么"的问题也自然有了初步的答案：

教有用的数学！

教有趣的数学！

问题二
我为什么要考数学

　　新课程改革以来，数学教材、教师观念、数学课堂发生了可喜的变化，唯独考试还是如此坚挺。

　　考试让许多人痛恨不已，因为要考试，就必须应试，要应试就要搞应试教育。

　　考试让许多人立场坚定，只要中高考，应试教育少不了。

　　考试也让许多人摇摆不定，在大力推进课程改革过程中，面对各学校学生的成绩对比坐立不安，追着向教师要成绩，教师只好追着学生要成绩。学校口头上喊素质教育，实际上还是搞应试教育。

　　教师的负担不可谓不重，学生的负担也无法减轻，教师与学生就这样被套进应试教育的"牢笼"里。考试这根指挥棒就这样成为阻碍素质教育的"罪魁祸首"。

　　这样，考试造就了"考试能手"或"考试状元"，却无法造就"职场能手"或"职场状元"。

　　据此逻辑，有些人就提出减少考试次数，甚至取消考试。

　　问题是：减少考试次数或取消考试，结果又会怎样呢？真的能培养"职场能手"和"职场状元"吗？

　　因此，谈论"数学，究竟教什么"躲不开"考试"问题。接下来也从三个方面思考第二个问题：我为什么要考数学？

反思 1 ‖‖‖ 是谁让考试走了歪路

女儿是 1991 年 8 月份出生的，按现在的规定，1997 年 9 月份应该读一年级，但 90 年代入学年龄截止到 6 月 30 日，如果 1998 年入一年级，她是同年级学生中最大的。作为教师的我想让她提前一年入学，就与女儿商量，没想到女儿死活不答应，也就作罢。

与女儿同班的芳芳打来电话邀请女儿提早读一年级，无意间被我听见了。

"贝贝，我们读一年级怎么样？"

"芳芳，还是读幼儿园好！"

"为什么呀？"

"你不知道，读一年级要考试，很难啊！"

"那好吧！"

芳芳也缠着父母要求继续读幼儿园，芳芳的父母与我商量，只好同意俩孩子继续读完幼儿园大班。

连幼儿园的孩子都知道小学要考试！也害怕考试！

考试怎么就不让人喜欢呢？

让大家痛恨不已、摇摆不定的是什么样的考试？

看看十年前某区组织的考试和应试，你会发现：是谁让考试走了歪道。

某区为了尽快提高全区教育质量，决定每个学期对全区各学校进行质量抽测，期末统一命题，统一抽调老师下校监考，统一改卷与统分，并重奖成绩名列前三的学校，排名最后的三个学校须在全区教育工作会上"介绍经验"，所任教班级成绩排名最后的老师也有相应的"惩罚措施"。

这是一场"高利害"的考试，每个学校的校长、老师都绷紧了神经，大家都在为提高教育质量出谋划策。

教育的奇迹发生了。每一次的考试成绩都有"明显"的提高，农村学校的成绩竟然"超过"了城区学校。

然而，统考这把"双刃剑"也带来了一些问题。外来务工人员子女入学艰难，学校生怕影响考试成绩，不愿意接收转插班学生，主管部门领导只好规定插班学生可以不计算其成绩；老师也想尽一切办法动员成绩"拖后腿"

的学生转学，以"提高"班级平均成绩……

谁都不想自己学校、班级学科成绩落在后面，谁也不想在教育工作会上"介绍经验"，为了学校的"荣誉"和巨额奖金，学校的重心工作转移到应试上，各个学校、各个班级老师暗地里你追我赶、各显神通。

与几位学区校长小聚，主要的议题自然定格在全区抽考这件事上，抱怨抽考违背素质教育精神，重蹈应试教育的覆辙，是教育的倒退。

兴趣点一致，话就多了，酒也少不了，校长们也开始毫不顾忌地介绍各自的"秘密武器"。

没想到，各自的"秘密武器"你有、他有、我也有：把每个年级成绩最好的学生编成一个班，成为抽考班，如下校监考老师抽取三（2）班，学校领导就带他进那个班，这个班就是三（2）班，这个班的成绩就代表学校抽考学科的成绩。

哦，奇迹是这样发生的！

十万元的巨额奖励和在全区教学工作会上的"经验介绍"拨动了每一个校长、教师的神经，如果是你，将作何选择？

俗话说：有得必有失，就看得到的多，还是失去的多。考试成绩第一的学校获得十万元的奖金，失去的比十万元钱多，还是少？

不得而知！

失去的无法用金钱来计算，是隐性的，而得到的十万元是显性的。因此，失去的为得到的所淹没，没有人为此承担责任。

考试的后果背离了领导的初衷，要"拨乱反正"又需要几年？损失已经无法弥补了。

是谁让考试走了歪路？答案很明显。一是把考试成绩作为重奖与"介绍经验"的唯一评价内容；二是学校为了功利和"面子"作假；三是教师在高利害的压力下成了"帮凶"。

可以认定的是，考试成绩是教育教学评价的一个必不可少的内容，但它不能成为评价一所学校、一个老师教学水平高低的唯一指标。

考试成绩为何不能成为评价一所学校、一个教师教学水平的唯一指标呢？

首先，"职场能手"与"职场状元"是无法用试题考出来的。台湾的曾国俊校董说出这样的过激而不无道理的言论："自信、意志力、判断力……在人的成长中发挥 96% 的作用，上一所大学，会电脑……只发挥了 4% 的作用。应试教育的老师、家长带领学生用 90% 的精力去实现 4% 的东西，而只用 10% 的精力关注 96% 的东西。"

曾董的言论或许有些绝对，但绝对有道理！

其次，不同手段获取的考试成绩，其教学质量是不同的。如果相同成绩的不同班级或个人，获取这个成绩所花的时间、情绪感受、负担水平等不同，那么这个教学成绩的含金量是不同的，本质上的教学成绩是有差异的。因此，考试成绩不等于教学质量。

其三，学生的学习成绩好与坏，不全是学校与老师的原因。

每年高考，考上清华、北大的学生大都来自各地的重点高中，而各地的重点高中的学生都是初中最好的生源。于是乎，我们就会想：如果没有按分数录取上重点高中，考上清华、北大的学生还会是这些中学的学生吗？

为此，我们就有理由质疑"学生的学习成绩好坏是学校与老师决定的"。

在一个班里，学生的学习成绩有差异，这些有差异的学生所处的学校与班级，以及老师，甚至所处的社区（社会）都是一样的，不一样的是家庭以及先天的遗传，家庭与先天遗传与他们的父母有直接的关系。在同一个学校、同一个班里，学生之间的差异源于家庭之间的差异。

由此继续往下推理，学生学习成绩的好坏，应该更多地归功于他们的父母。

而同一个班级的学生，配以不同的老师，学生的成绩也是有差异的。同样的一个学生，进入到不同的学校，不同的学校对学生的影响也是不一样的。因此，也不能忽略了学校与老师的作用。

简单地把不同学校或不同班级学生的成绩进行对比，以此来判断一个学校或一个班级的教学成绩的好坏，肯定是有失公平的。

如果把考试成绩作为奖励与惩罚的唯一标准，就显得那么的无知。如果把这样的考试看作教育活动的话，那么它本身违背了教育的规律，学校与教师无视教育规律，为了错误的目标做错误的工作，直接受害的是学生。

正因为考试考出了许多如上一案例中的严重问题，我们自然会思考：是否取消学生的考试？

让我们回到考试的本意，就不难得到正确的答案。

教师的教分解到每一节课，每一节课都有一个任务、一个目标，需要教师落实，教师教得怎么样，要看学生学得怎么样，也就是说，教师教得怎么样，要由学生学得怎么样来决定。学校要评价教师教得怎么样，或者教师要判断自己教得怎么样，最好的办法还是考试。只有考试才能知道学生学得怎么样，从而评价教师教得怎么样。

同理，学生也需要知道自己学得怎么样，学习中还存在什么问题，需要怎么改变来提高学习效率。要让学生知道自己学得怎么样，最好的办法也是做一张科学性强的试卷，那就是考试。

难道对教师教得怎么样的评价都不要吗？如果需要，那么考试就有必要了。

取消学生的考试，又会是什么结果呢？

没有考试，怎样知道培养出来的人的素质有多高？学生能不能适应世界的变化与社会的发展？

每个人无法回避的是，人生离不开考试，升学需要考试，就业需要考试，走进社会其实就是一场大考试，如果没有小考、中考，怎么让学生适应人生中的种种大考呢？

基于这样的认识，考试就会成为教育的一个重要方式，它将有效地促进学生的学习和教师的教育教学的更新。

考试肯定是评价一位教师或一位学生教与学成绩的重要方式，我们要取消的是单纯按学生成绩的绝对值评价教师的教和学生的学的考试。

这样，教师和学生就不会害怕考试了，考试成了他们教与学的一个重要环节。

我们所要考虑的问题不是要不要考试，而是考什么及怎么考。如果这一问题不厘清，后果也是严重的。

请仔细阅读下面两个案例，相信"是谁让考试走了歪路？"的幕后"主谋"暴露无遗。

参加初一年级的第一次测试后的质量分析会，生物科老师汇报全年级学生的成绩，得知及格率只有40%，感到非常震惊。

这40%的及格率所带来的后果是非常严重的。一是测试让全年级大部分学生远离生物学科；二是说明这张测试卷难度太大，不适合学生测试；三是老师的评价依据的是测试的结果，认定这一届的学生整体素质偏低。

如果老师一直坚持这样的测试，要让学生出成绩，那是不太可能的！聪明的老师总是先想办法吸引学生"靠近"自己所任教的学科，而不是让学生对学科学习失去信心，一旦学生对学科学习失去信心，无论老师再怎么努力，都无济于事。

调查发现，这次测试卷是前几年使用的，许多内容学生还没有学过，因此失分比较多。

唉，原来是这样！

应邀为某市骨干教师培训，学员们给我这位"专家"出了两个难题：

（1）$x=7$ 是方程吗？

（2）1.25×3.14 的积是几位小数？

我一时被问住了，于是反问道：你们觉得呢？

我们地方教研员给的标准答案是：判断题"$x=7$ 是方程"是对的；1.25×3.14 的积是四位小数才算对。学员们把问题推到教研员身上。

"凭什么认定 $x=7$ 是方程、1.25×3.14 的积是四位小数？"

"教研员说，含有未知数的等式是方程，$x=7$ 符合方程的条件。1.25×3.14 是两位小数乘两位小数，积就是四位小数。"

含有未知数的等式叫方程，"$x=7$"中的 x 是不是未知数？因为它是一个字母，所以是未知数？可是"$x=7$"告诉我们 x 的值了，"$x=7$"这个方程又有什么意义呢？

1.25×3.14 的积到底是几位小数？当积的末位 0 去掉时，它是三位小数；小数末尾添上一个 0 时，它可以是五位小数；添上两个 0 时，它可以是六位小数……为什么非得是四位小数呢？

哦！数学考试本身没有问题，是做数学教学工作的人出了问题。

综合以上对"考试中存在的问题""要不要考试""怎么考试"的讨论，你是否对考试有了新的认识？

如果考试有问题，是做教育工作的人出了问题，让考试走上歪路，我们必须对考试正确定位，明确考试的目的和功能，制定科学的评价内容体系，采用科学的考试方法，让考试发挥应有的作用。

全国语文著名特级教师黄厚江说："热爱考试吧！名师必须经过考试的洗礼，但仅仅停留在考试层面是很可怜的。"通过考试可以看出成绩的高低，进而评估班级学生的学力水平，更重要的是透过考试成绩，能找到考试背后的问题所在。一是教师能通过考试，找到自己教学中存在的问题；二是学生通过考试，找到自己学习上存在的问题。进而找到解决问题的最佳方案，从而解决问题，提高教与学的水平，考试成绩自然得到提高。

因此，教师要坦然面对考试，将考试作为检验教学效果与促进学生健康成长的一个教育手段。

反思 2　应试能力不等于应试教育

无论是教育专家，还是学校领导，抑或是一线教师，最忌讳谈"应试"，讲得最多的是"素质"。

有两个人，面对同样的试题，一个想出了办法而得分，另一个一点思路都没有，排除其他各种因素，就这一道题而言，你应该不会说第二个素质高吧？

在提倡素质教育的今天，人们谈"应试"而色变，认为应试是素质教育的"天敌"。但是谁也无法否认，上大学需要考试，谋职业需要考试，拿资格证书需要考试……人生就是一场一场的考试，要考试，就要应试，要提高学生的考试成绩，就要提高学生的应试能力。

那么，提高应试能力是不是应试教育呢？我们首先从提高应试能力的练习指导开始思考这个问题。

除了在课堂新授环节中提高学生解决问题的能力外，练习指导也是提高应试能力的一个重要环节。在应试的过程中，教材与老师设计了许多的练习加以指导，但遇上变化了的试题，学生还是无法变通，这是为什么呢？

每到六年级第二个学期，都会安排比较充分的时间整理与复习小学阶段所学的数学知识，在较长的复习时间里，练习是必不可少的，有一道选择题使我终生难忘。

两根 2 米长的绳子，第一根截去了它的 $\frac{1}{4}$，第二根截去了它的 $\frac{3}{4}$，剩下的绳子（　　）。

A. 第一根长　　B. 第二根长　　C. 一样长　　D. 无法确定

同学们都知道"截去的短，剩下的就长；截去的长，剩下的就短"的道理，所以大家都选择 A，我感到很欣慰。

毕业考试一结束，同学们走出考场，都迫不及待地围住我，汇报他们取得的"战果"，都认为这次毕业考试题目太简单了，许多试题还是平时复习时练过的。

数学学得好，才会感觉试题简单，我很高兴。但有许多试题平时复习练过的，我却不太相信。

"哪些题目是复习时练过的？"我很好奇。

"两根绳子的题目，一根截去了它的 $\frac{1}{4}$，另一根截去了它的 $\frac{3}{4}$。"大家争着回答。

"那你们选的是哪个答案？"我开始觉得不对劲。

"A. 第一根长。"同学们大声地说。

完了，完了，全军覆灭。在考试时间里，我已经看过试卷，题目比复习时遇到的练习题少了"2 米长的"四个字。

两根绳子，第一根截去了它的 $\frac{1}{4}$，第二根截去了它的 $\frac{3}{4}$，剩下的绳子（　　）。

A. 第一根长　　B. 第二根长　　C. 一样长　　D. 无法确定

孩子们，考试题目怎么会与平时做的练习一模一样呢？如果考试题目和平时做的一样，那这张试卷的水平反映命题教师的低水平，这份试题怎么考出学生的数学能力呢？

这些道理，我从来没有告诉学生，学生怎么会知道呢？

不管怎样，出现了"全军覆灭"的问题，肯定在练习指导方面存在问题。那么，我们又怎么避免这类问题的再发生呢？

如果在复习时采用"一题多变""一题多练"的策略，学生还会出现此类问题吗？

1. 两根 2 米长的绳子，第一根截去了它的 $\frac{1}{4}$，第二根截去了它的 $\frac{3}{4}$，剩下的绳子（　　）。

A. 第一根长　　B. 第二根长　　C. 一样长　　D. 无法确定

2. 两根绳子，第一根截去了它的 $\frac{1}{4}$，第二根截去了它的 $\frac{3}{4}$，剩下的绳子（　　）。

A. 第一根长　　B. 第二根长　　C. 一样长　　D. 无法确定

3. 两根绳子，第一根长 4 米，截去了它的 $\frac{1}{4}$；第二根长 8 米，截去了它的 $\frac{3}{4}$。剩下的绳子（　　）。

A. 第一根长　　B. 第二根长　　C. 一样长　　D. 无法确定

4. 你还能改编题目考考大家吗？

一题多变、一题多练无疑是提高学生应试能力的有效练习策略，这种应试策略是建立在数学思维的灵活多变基础之上的，而不是通过反复操练达成的，思维的灵活多变正是学生学习能力和解决问题能力，或者说是应试能力所需要的。

从这个案例可知，考好成绩并不需要不假思索地布置过多的作业与练习给学生做，因为考试的内容永远不会与课堂上的内容一模一样，老师给出的题也无法穷尽所有的考试内容，随着考试评价的不断改进，反复机械训练、学业负担加重只会使学生无法应对变化了的试题和开放的试题，过多的练习与作业容易产生过重的负担，使学生萌发厌学情绪。学生学会判断、选择简单的解题方法，学会"变通"，掌握方法才是考好成绩的根本。

因此，教师应该更多地考虑在每一道题的练习过程中做足文章，让一道习题变出多道习题，让一道习题产生更多的思维碰撞，放大习题的价值，让习题更有张力。

这样的一题多练、一题多变，甚至一题多解的思维训练有利于提高学生的应试能力，但它绝不是应试教育，这种能力使人终生受益。

因此，是否可以大胆地下个结论：应试能力不等于应试教育，通过数学思维训练提高应试能力正是素质教育的一部分。

为了进一步印证这一点，我们看看还可从哪些方面提高应试能力。

数学思维能力的提高，无疑会帮助学生提高考试成绩。但考试成绩的提高，还会受到其他因素的影响。我们常常会发现，学生会做的题，在考试中却很遗憾地做错了，是由于粗心、紧张，还是……

下面的案例会作出解释。

数学考试主要以笔试为主，每次改完试卷发下去后，学生迫不及待地更正，我发现，学生做错的题大部分都能更正对，意味着学生不是不会做，而是做错了，学生和老师都很惋惜。纷纷走到我跟前说："老师，我太粗心了！如果不粗心的话，我可以考100分。"第二天，学生的试卷上又多了一行家长的评语：太粗心了，加油！

真的是粗心吗？难道学生考试时都粗心？我不断追问自己，于是找了一道错误率高的数学试题进行分析，考题如下：

下面是小芳家的电表在上半年每月月底的读数记录：

月份／月	1	2	3	4	5	6
读数／千瓦时	264	283	302	321	345	380

2～6月小芳家平均每月用电多少千瓦时？

学生是这样做的：

（283+302+321+345+380）÷5=326.2(千瓦时)

学生这样做的问题在哪？它能给我们的数学教学带来哪些启示呢？

学生做错的原因主要在于没有把题意读懂，自以为是地把电表的读数当作当月的用电量。没有把题意读懂背后真正的原因有两个：一是生活知识的缺失，电表记录的是总的用电量，而不是当月的用电量；二是受平时求平均数的惯性影响，简单地把几个数相加再除以月数。

辛卓做对了，我请他介绍经验。他说一开始也以为把几个读数求和除以5，准备计算时多长了一个心眼，产生了两个疑问：一是给了6个月的数，为什么求5月的平均数呢？二是六年级的试题考三年级的知识，哪有这么简单？有了这两个疑问，感觉老师出题时设下了陷阱，重新对表格里的数据进行分析，才发现表格里的数据不是每个月的用电量，每个月的用电量应该是前后两个月读数的差，因此，提供了 6 个月的电表读数，只能算 2 至 6 月份的用电量。

这个案例给我三点启示：一是在平时教学中重视审题能力的培养，会审题能使错误率减少一半，每次考试，一半以上的错误缘于审错题，有些同学根本没把题看完就下手了，他们以为跟平时做的题一样，其实，试题就是平时做的题改编而成的，如果与平时的题一样，命题的老师是有问题的。这一点要告诉学生，不要放松警惕。二是平时设计的作业题要有变化，就像求平均数，不能一味地设计简单地求几个数相加除以份数的题。三是数学实践活动是必不可少的课程，老师要舍得花时间指导学生运用数学知识解决生活问题，丰富学生的生活知识，提高解决实际问题的能力。

以上三个问题在教学中解决了，我想考试成绩肯定能提上去。

因此，学生丢分，不能简单地归因于粗心、紧张，而应该更多地关注学生"粗心""紧张"背后的东西。

这背后的东西不就是素质教育所需要的吗？

应试能力还有哪些呢？

每位学生考试都想取得好成绩，然而要取得好成绩，需要减少错误率，尽量做到会做的能做对，不太会的争取做对，实在不会的能蒙对。

小朱在一次考试中吃了"大亏"，我们从中可以吸取一些教训，总结一些应试经验。

小朱是一个学习认真、勤于思考的学生，让老师担心的是，考试时总不能顺利地完成试卷里的所有题，因为她"动作"太慢。

半期考试成绩出来了，她出人意料地得了个 70 多分，分析她的试卷，原因很简单，最后一大题"解决问题"里的六道题没有得分，前面的试题基本没扣分，准确率很高。

问题找到了，就要解决它。我找来小朱一起探讨。

"哪些题扣分了？"

"后面的题都没做，来不及了！"小朱显得不好意思。

"考试时间足够呀，怎么会来不及呢？"

"前面一道填空题和一道选择题花了很多时间。"

哦，这两道题的确没有几个同学做对，小朱是做对的几个同学之一。

"这两道题一共得几分？"

"做对一道得 2 分，两道题是 4 分。"

"没来得及做的题一共是几分？"

"一共 24 分。"

"你是要 4 分，还是要 24 分？"

小朱笑了，没有直接回答我的这一问题，但我知道她明白了我的意思。

是呀！学习需要技能技巧，考试也需要技能技巧，我们是否也需要与同学们探讨考试技巧呢？

讲评试题时，我与同学们分享考试经验，讨论遇到难题怎么办，讨论的结果是：不求满分，但求自己的最高分，遇到 3 分钟无法解决的难题，先放过，把自认为简单的题做对，复杂一些的题争取做对，实在没把握的题回过头来也不要放弃，蒙也要试着蒙对。

在我们日常工作中，未尝不需要学会放弃，放弃是为了获得更多。

会做的先做，不会做的留着，等会做的做完后，剩下的时间攻克不会做的题，这也是应试的方法。

以上从思维训练、作业态度、应试技巧等提高应试能力几个方面充分说明：应试能力的培养与学科素质的提高不是对立的，而是目标一致。

因此，应试能力培养不能与应试教育画等号，应试能力也是一种必备的素质。只有具备一定的应试能力，才能应对人生许多的考试或考验。

反思 3 让"考试能手"成为"职场能手"

在反思 2 中，给"应试""应试能力"与"应试教育"划清了界线，让一线教师有了底气，提高应试能力不必扭扭捏捏，而应理直气壮。

但应试能力可以帮助学生成为"考试能手"或"考试状元"，能否帮助学生成为"职场能手"或"职场状元"，却是个未知数。

理想的状态是：应试能力既能帮助学生成为"考试能手"或"考试状元"，又能成就"职场能手"或"职场状元"。

那么，能帮助学生成为"考试能手"或"考试状元"，进而成就"职场能手"和"职场状元"的应试"法宝"是什么？

首先，有必要分析学生提高考试成绩的途径。

途径一：多练题。如果能把100%的数学题都让学生反复地训练几遍，学生能熟练掌握，应该可以取得非常好的成绩，但这是无法做到的，任何人都无法穷尽所有的试题。

遗憾的是，许多老师选择了这一做法，"题海战术"需要付出很大的代价，甚至是身体和心理的代价，这样的教育叫极端的应试教育。

途径二：教方法。试题的内容与教学的内容不会一模一样，但方法是一样的，教学不希望学生能解决老师给出的问题，而不会处理试卷提供的问题，希望通过一个问题的探究，学生能举一反三，举一返十……

但是，应试能力还包括计算的准确性与解题的速度，而计算的准确性与速度又都与方法的判断与选择有关，也就是学生要能从不同的信息加工过程中对解题的方法作出判断并选择最优的方法，以便做得又快又准确。

你会选择哪一条途径？理想的途径是重方法，因为这一途径有利于学生的长远发展。

因此，我们努力去寻找一种既能提高当下的考试成绩，又有利于学生长远发展的教学方式。

首先，让我们一起看看《组合图形面积》一课的两种课堂状态，你就能知道好成绩应该怎样获取。

【设计1】

A老师参加北师大合作办学部组织的青年教师教学基本功大赛，选择五年级上册《组合图形面积》教学内容参加比赛，上网搜搜有关《组合图形面积》的教案，网络上所有《组合图形面积》的教案大同小异，主要过程如下：

一、认识组合图形

老师搜集了一些生活中物品的图片（课件出示：房子、队旗、风筝、空心方砖、指示牌、火箭模型），让学生说说这些物品的表面，是由哪些图形组成的。然后归纳组合图形的概念：由两个或两个以上简单图形组成的图形叫组合图形。

二、揭示课题

组合图形面积怎样计算呢？今天我们一起研究组合图形面积的计算方法（板书课题）。

三、自主探索

1.（课件出示）右图表示的是一间房子侧面墙的形状。

认真观察这个组合图形，先分一分，再算一算，想一想怎样计算出面积。（学生活动，教师巡视指导。）

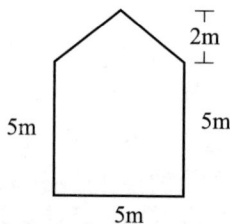

2. 集体交流。

（1）把组合图形分成一个三角形和一个正方形，先分别算出三角形和正方形的面积，再相加。

教师边听边列式板演：$5 \times 5 + 5 \times 2 \div 2$

$$= 25 + 5$$
$$= 30（m^2）$$

（2）把这个组合图形分成两个完全一样的梯形，先算出一个梯形的面积，再乘2就可以了。

学生说算式，教师板演：$(5+5+2) \times (5 \div 2) \div 2 \times 2$

$$= 12 \times 2.5 \div 2 \times 2$$
$$= 30（m^2）$$

（3）比较算法。

（4）课堂小结。在计算面积时，先把组合图形分解成已经学过的图形，然后分别求出它们的面积再相加。

四、课堂练习

（略）

【反思】如何使课堂教学更加开放，提供给学生选择的方法更加多样，培养学生的思维与创新能力？

我们对教材进行深入研究并作了课堂前测，发现教材中只列出了割和补的方法，学生很容易想到用"割"或"补"的方法求组合图形的面积。因此，相信通过同伴互助，教师的引导，让全体学生能用一种方法求面积是比较容易实现的。

《组合图形面积》一课到底要教给学生什么？如果从解决问题的角度看，学生只要掌握一种方法即可；如果从学生思维的发展看，学生应该接触更多种方法；如果从学生能力的提高看，学生还应能根据不同的信息选择最优的方法。

为此，应适当增强教学内容的挑战性与方法的变通性，让数学的思想与方法渗透到学习的全过程，使学生的思维更加开放，更加有张力。

【设计 2】

一、回顾：学会了哪些图形的面积计算？

（课件演示平行四边形、三角形、梯形分别转化成长方形、平行四边形的计算方法的推导过程。）

小结求这些图形面积相同的方法是：把图形转化成已学图形。

二、合作探究

1. 问题尝试。

出示新图形，尝试求出它的面积。每个同学都试着找找方法，方法找到后，计算出结果。

2. 汇报交流。

预设 1：把它分成两个长方形，求出两个长方形的面积，加起来就是客厅的面积。

预设 2：把它分成两个梯形。

预设 3：把它分成两个长方形和一个正方形。

预设 4：还可以把它分成长方形、三角形、梯形。

预设 5：在右上角补上一个正方形，就变成了一个大的长方形，用大长方形面积减去补上的正方形面积，就等于这个组合图形的面积了。

预设 6：把两个一样的组合图形拼成一个大的长方形，用大长方形面积

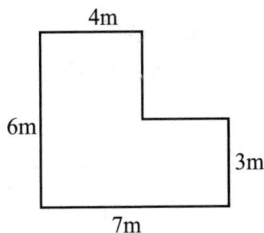

除以 2，就是客厅的面积。

（把几种分的图形展示在黑板上。）

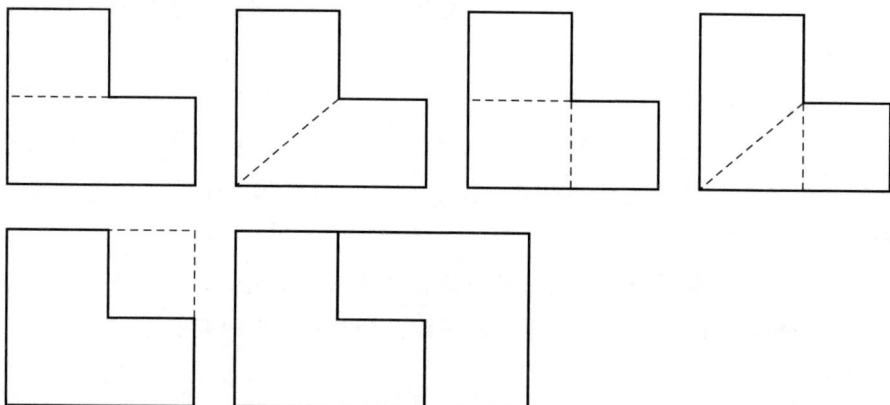

分类：割的归一类，补的归一类。

思考：割的一类有五种方法，一分为二、一分为三甚至一分为四，你喜欢哪一种？

归纳：分的图形越少，步骤就越少，比较不容易出错，又更简单。

3.深度讨论。

引思：把组合图形割、补成基本图形，割和补的图形越少，方法就越简单。那能不能割和补成一个基本图形呢？

预设 7：把上面那个长方形剪下来，补在下面长方形的右边，就变成了一个大长方形了，大长方形的面积就是组合图形的面积。

（通过课件动画演示，把组合图形割补成一个长方形。）

如图：

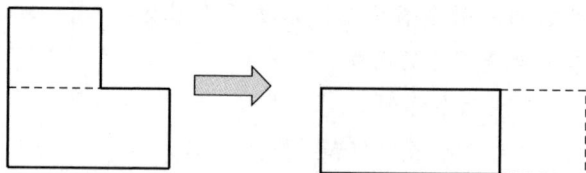

然后拓展出另外两种割补法：

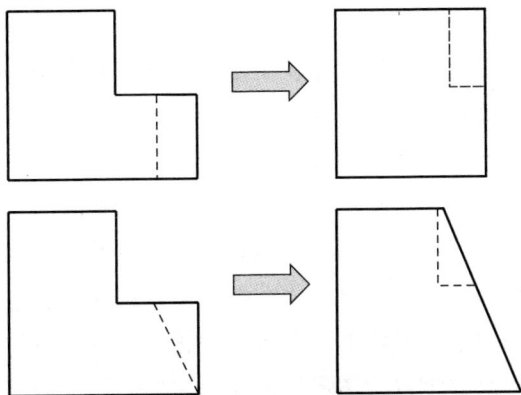

提供图形相关数据，鼓励学生用自己喜欢的方法列式计算出它的面积。
（估计大部分同学选择了"一分为一"的方法，步骤少，很简便。）
变化图形与数据（如图）：

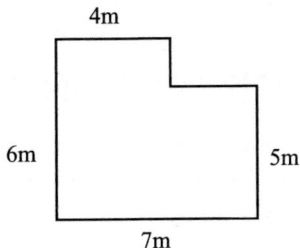

（估计学生会选择"一分为二"或"合二为一"的解题策略。）
小结：选择哪一种方法比较妥当，不仅要看形状，还要看数据。

4.课堂总结：

我们在寻找平行四边形、三角形、梯形、组合图形的面积计算方法时，有一个共同点是把新知转化成旧知，变了就通了，叫变通。变的方法多种多样，学会判断和选择，才能提高解题的效率。

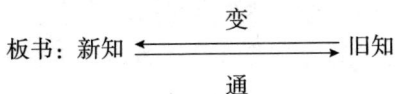

板书：新知 ⟷ 旧知（变 / 通）

三、变式练习

（略）

比较同样内容两种形态的课堂，不难看出哪一种形态的课堂更能提高学生的应试能力，更能让学生考出好成绩。

设计1的课堂教学强调知识，从组合图形的概念入手，解决问题的策略也比较单一，用"组合"法求面积，只能让学生会解决例题中的问题，没有打开学生的思维，如果题型与题意变化了，学生就无所适从了。而设计2强调的是策略与思想方法——转化，力图提供更多选择的方案，学生学会根据不同形状、不同数据选择最好的方案解决问题，无论题目怎么变化，其方法的核心是不变的，只要把复杂图形变成简单图形，把未知变为已知，学生都能想出办法解决问题。

看来，考试成绩高低主要取决于学生解决问题的能力，而解决问题的能力取决于学生思维水平的高低。

因此，培养数学思维能力是数学教学的核心，也是提高考试成绩的根本。

下面的一个案例更进一步说明思维训练对于考试的重要性。

北师大版五年级上册教材第61页有一道题：深色的三角形面积是平行四边形面积的一半吗？说说你的理由。

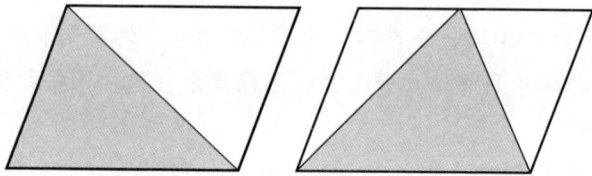

第一个图中三角形的面积是平行四边形面积的一半，在推导三角形面积计算方法时已被操作验证过；第二幅图中三角形与平行四边形面积的关系可通过两种图形的公式证明，对于学生来说也不是难事。

教材中的每一道练习题都有其目的：通过证明图中三角形与平行四边形面积之间的关系，发现底和高都相等的三角形与平行四边形，三角形的面积是平行四边形的一半，或者说平行四边形的面积是三角形的2倍。

如果就练到这一层面，这道题的价值就没有得到充分体现，还有什么价值可以挖掘呢？只需追加两个问题，练习题就增值了。

第一个问题：图中的三角形如何变化，其面积与平行四边形面积相等？引导学生发现三角形的底不变，高扩大到原来的2倍；三角形的高不变，底要扩大到原来的2倍。并给数据加以证明：如果平行四边形的底和高分别是6厘米与4厘米，面积是6乘4得24平方厘米，三角形的底和高中的其中一个不变，另一个扩大1倍，其面积也是24平方厘米。

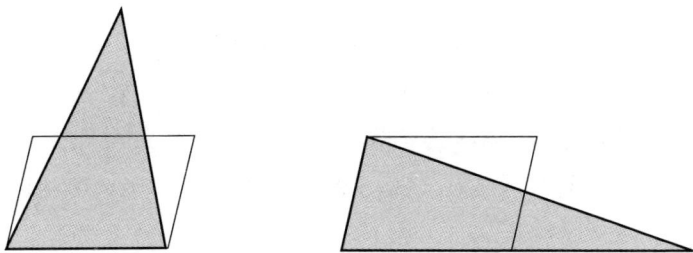

第二个问题：你能画一个底和高都发生变化，但面积还是24平方厘米的三角形吗？引导学生发现，只要底乘高等于48平方厘米，就符合要求。底和高可以是1和48、48和1、2和24、24和2、3和16、16和3……无数个三角形。

这样，练习更加开放，思维的边界更加拓宽，练习的价值得到放大，应对考试的能力不就得到提高了吗？

裴斯泰洛齐说：教学的主要任务不是积累知识，而是发展思维。知识是用来解决问题的，有知识，并不意味着能运用它解决问题。运用知识解决问题取决于人的思维能力。

当然，培养学生解决问题的能力离不开基本的数学知识，没有基本的数学知识，解决问题也只能空谈。因此，考试成绩的提高，确实离不开知识的记忆。

但是，记忆的东西容易遗忘。因此，我们努力想办法让记忆能更加持久，或者用一种办法使失去的记忆能恢复。

请看下面一个案例。

在北京参加中美教育论坛，蔡金法教授现场做了一个让我记忆犹新的实验：给每位老师提供了一张纸，纸上写有两组共40个词语，第一组20个词语要求抄写一遍，后一组20个词语要求想象一个相关的词写下来，如"北京"可以写相关的词"首都"。在场参加论坛的90多位老师参加了此次实验，按要求完成作答。然后，把纸翻过来，把40个词语中能记住的写下来，现场统计发现：抄写的词语只记住了28%，而通过写相关词语记忆的超过了80%。实验告诉我们，靠死记硬背效率是很低的，靠联想与理解记忆效率高。

这一结论在学生学习《三角形面积》一课时得到了进一步的论证。

如果直接告诉学生三角形面积的计算公式（面积＝底×高÷2），许多学生在运用公式解题时往往会忘记除以2。

如何让学生在解决问题时记住"除以2"呢？最有效的办法就是让学生能理解"为什么要除以2"。

教师往往借助两个完全一样的三角形拼成一个平行四边形，底乘高算出的是拼成的平行四边形的面积，由此推导出三角形的面积等于底乘高除以2。学生很容易就理解了"为什么要除以2"。

那么，已知三角形的面积和底（高），怎么求高（底）呢？要让学生掌握求底（高）的方法不是一件容易的事。教师们只好让学生记住底等于面积乘以2再除以高，高等于面积乘2除以底，当学生遇到实际问题时容易与公式断联。

一定要花时间让学生知道这公式是怎么来的，才能做到活学活用。

一种方法是借助学具理解。

1. 回顾。通过平行四边形的面积等于底乘高，推导出底等于面积除以高，高等于面积除以底。

2. 倒推。重新把两个一样的三角形拼成一个平行四边形，面积就是三角形的两倍，平行四边形的面积除以高就等于底。因此，三角形的底等于面积乘2除以高。同样，三角形的高等于面积乘2除以底。面积乘2是两个完全一样的三角形拼成的平行四边形的面积。

另一种方法是借助方程理解。

根据三角形面积公式求底：

第一步，左右两边同时乘以2，得出底×高＝面积×2。

第二步，左右两边同时除以高，得出底＝面积×2÷高。

通过两种方法的推导，相信学生能理解并记住求底或高的公式了。

　　如果学生掌握了三角形面积公式的倒推方法，通过梯形面积公式求上底、下底和高就不是问题了。

　　这样平行四边形、三角形、梯形三个面积公式变出了七个求底和高的公式，即使忘了其中一个，也有能力把它找回来。

　　哦！知识的记忆如果与思维的发展和谐共处，不就能相互促进吗？

　　数学教学需要记忆，但不同的记忆方式，其效果与作用不同。背出来的知识遇上"活"题就束手无策了；能理解、有联系、有意义的记忆才可能解决不断变化的数学问题，而这种能理解、有联系、有意义的记忆，肯定是有数学思维含量的，有思维含量的记忆才会持久地发挥作用。

　　谈到这里，是否也可以得出这样一个结论：考试成绩完全不用通过反复机械训练，加重学生负担来实现，因为这种提高成绩的方法只会让学生厌恶学习，从而逃离学习；数学成绩的提高应该通过培养学生思维，使其掌握分析问题与解决问题的方法以及培养学生的学习兴趣来达成。

　　一个会思考、能解决问题的人，不正是职场所需要的吗？

　　培养学生的思维能力与创造能力，是"考场能手""考场状元"通向"职场能手""职场状元"的光明大道。

　　反思完毕。有必要对以上三个反思作一番整理。

　　反思1通过对"考试成绩不等于教育质量"的剖析探讨考试的本原性问题；反思2通过对"应试能力不等于应试教育"的剖析探讨考试与素质发展的关系问题；反思3侧重从"考试成绩与职场成绩的关系"的角度探讨数学考试的育人目标问题。

　　放眼未来，我们为什么要考数学？

　　毫无疑问，数学考试对学生的学习与长远发展是有用的。

　　数学考试如何考出未来的"职场能手"和"职场状元"？

　　毫无疑问，通过学习有用的数学和考有用的数学内容来实现。

　　当然，学习有用的数学还是需要有趣来支撑。

　　有用的数学和有趣的数学就是为孩子一生所要奠定的数学基础。

问题三
我教什么样的数学

通过上面两个问题的讨论，我们是否越来越明晰这样一个问题：数学，究竟教什么？

教有用的数学，教有趣的数学，为孩子的一生奠基。

问题又出现了：什么样的数学是有用的数学？什么样的数学是有趣的数学？

强调了几十年的"双基"是不是有用的数学？有用数学的根本是什么？

有趣数学的内容、方式有哪些？有趣数学最终的归因是什么？

下面，我们需要更加深入思考的第三个问题是：我教什么样的数学？这也是第一编的核心问题。

反思 1　数学基础的重新定位

"为孩子的一生奠基"是学校与教师常挂在口中的一句经典名言，奠定哪些基础？我们可能还没想明白。

数学老师们一定会说"双基"，即基本知识与基本技能，"双基"就是数学教学的内容与目标。以前的大纲与课标强调了几十年的"双基"，已经深深地扎根在每一个教育工作者的心里。

相信每位老师都清楚"双基"的重要性，因此格外地重视，再加上现行的考试内容大多考测学生的"双基"。一线教师如此重视学生的"双基"，却总觉得学生的"双基"不够扎实，作业与考试时总是出现这样那样的错误，学生个体考试成绩差异很大，于是训练"双基"力度不断加大，围着"双基"转了一圈又一圈。

让我们想不到的是，我们的孩子参加世界学科竞赛总是让人刮目相看，事实证明中国孩子的"双基"水平是世界一流的。因此，我们的教师对学生的"双基"作出了很大贡献，就像建楼房一样，打下的地基非常的坚固。

但是只有地基，无论你浇灌了多少水泥，地基再牢固，没有楼，等于浪费了良田而没有任何一点价值，只有往上建楼，人们才能看到并使用它，住进楼里才能体会其价值。因此，还得做好楼的设计，材料的选择与运用，人员的调配，小区的绿化与美化，楼房的内外装修等，提高楼房的质量。

同样，如果一个学生的数学"双基"非常扎实，却无法面对现实生活、工作中出现的问题，那么，"双基"就成为破解现实问题和科学问题的坚固的牢笼，紧紧地禁锢他的思维。

因此，为"双基"而教是远远不够的，那么，还有哪些更为重要的基础呢？

我们先来看《分桃子》的案例。

北师大版小学数学二年级上册《分桃子》的内容是除数是一位数的简单除法，如"把 12 个桃子平均分给 3 只猴子，每只猴子分得几个？"从数学的层面上看，做除法，想乘法，只要知道哪个数与除数相乘等于被除数，那么商就是这个数。12 除以 3 等于几？乘法口诀是：三四十二，那么 12 除以 3 就等于 4。乘法口诀已经背得滚瓜烂熟了，为什么还要学生"分桃子"呢？

（出示 12 个桃子和 3 只猴子图。）

师：有 12 个桃子，平均分给 3 只猴子，用小棒代替桃子，圆片代替猴子，分一分，每只猴子可分到几个桃子？

（学生开始操作，有的一根一根分，有的两根两根分，也有的三根三根分，还有的四根四根分……教师请不同想法的学生摆在黑板上，并介绍自己分的过程。）

生：我是这样分的，每只小猴先分 1 根，还有剩余，再分一次，每只小猴再分 1 根，剩下 6 根，继续一根一根地分，共分了 4 次，刚好分完，每只小猴分得 4 个桃子。

生：我是两根两根分的，每只小猴先分 2 根，分完 6 根，还剩 6 根，每只小猴就可以再分 2 根，这样，每只小猴一共分得 4 个桃子。

生：我是三根三根地分，第一次每只小猴先分 3 根，分掉 9 根，还剩 3 根，刚好每只小猴又可以再分 1 根，每只小猴分得 4 个桃子。

生：我只要一次就分好了！每只小猴分 4 根小棒，刚好分完了。

师：如果五根五根地分，会出现什么情况？分分看。

（学生再次操作。）

生：如果五根五根地分，第一只小猴分得 5 根，第二只小猴也可以分得 5 根，第三只小猴只能分得 2 根，就不是平均分了。

师：如果五根五根地分，要做到公平，需要多少个桃子？

生：需要 15 个桃子。

生：再加 3 个桃子就可以了。

师：但只有 12 个桃子，因此，每只猴子只能得 4 个桃子，是吧？

生：是。

……

翻开教材会发现，《分桃子》这一课并没有出现算式，而只安排了各种形式的数学活动，在第二课的内容中才开始出现算式表达，为何要"多此一举"呢？

12 除以 3 如果只追求用乘法口诀"三四十二"求得商是 4，这就是前面的"两基"，即基础知识与基本技能。基础知识与基本技能可以体现在用乘法口诀计算 12 除以 3，或使用信息技术工具算出商是 4。

运用乘法口诀和信息技术工具的"双基"学习，是不需要学生创造的，教师只要告诉学生即可。

2011 年版数学课程标准所阐述的数学教育的使命：数学教育既要使学生掌握现代生活和学习中所需要的数学知识与技能，更要发挥数学在培养人的思维能力与创新能力方面不可替代的作用。

"既要……更要……"可以理解成：让学生掌握现代生活与学习中所需要的数学知识和技能很重要，培养人的思维能力和创新能力更为重要。

因此，"双基"的学习需要一个过程，是学生思维与创造的过程。

皮亚杰说："思维是从动作开始的，切断了动作和思维之间的联系，思维就不能得到发展。传统的教学的缺点，就在于往往是用口头讲解，而不是从实际操作开始数学学习。"学生思维与创造的过程须从动手操作开始。

一个一个地分，最为原始但最为保险，不会分错但分的次数多，所花的时间长。

几个几个地分，比较快捷但不保险，容易分错，需要先估后调。

怎样分得又快又准？乘法口诀分法应运而生。

用竖式记录或表达分的过程，除法竖式成为记录或表达平均分过程的最简单的符号化语言。

学生"分桃子"的操作过程为除法计算的核心能力——试商能力和除法竖式的符号化的表达积累了丰富的活动经验。从平均分的操作语言，到图形语言，再到竖式计算过程的符号化语言，体现了"抽象化""形式化""符号化""数学化"思想。这一抽象化与数学化过程就是学生在计算学习中培养思维能力的学习过程，也是数学知识的创造过程。

2011 年版数学课程标准提出第一个总目标是：通过义务教育阶段的数学学习，学生能获得适应社会生活和进一步发展所需的数学基础知识、基本技能、基本思想、基本活动经验。比 2000 年版的数学课程标准多了"两基"：基本思想与基本活动经验。

基础知识与基本技能的形成可以通过口头讲解来实现，而基本思想与基本活动经验须在体验活动过程中积累，在体验活动中培养思维与创造能力。

现在，你应该不难理解为什么教材没有急于教给学生基础知识与基本技能，而是从除法的生活原型出发，从平均分的实际操作开始。

基础知识与基本技能可以培养出"考场能手"与"考场状元"，要使"考场能手"和"考场状元"成为"职场能手"和"职场状元"，还需要基本思想与基本活动经验。

基础知识与基本技能容易忘记，而基本思想与基本活动经验让数学走得更远。

讨论到这，数学学科能够带得走、相伴终身发挥作用的看不见又摸不着的知识，似乎又可以归结成两个词：思维与创新。

或者可以这么说，数学学科使人聪明，聪明的人就是会思考的人，会思考的人就是思维与创新能力强的人。

数学思维与创新能力强的人往往遇到困难时用数学的眼光审视问题，能想出办法破解困难。

下面这个案例能说明这个问题。

自从进入了圆的内容学习，计算开始变得让人"讨厌"了。圆的周长、面积计算，还有圆柱的表面积与体积计算，圆锥的体积计算因为出现了"π"而使人闹心，即使用电子计算器，有时也容易算错。

按照惯例，早上我提早 20 分钟到班，面批完所有学生的作业，有一道题几乎全军覆灭，我知道，学生不是不懂做，而是计算出错，问题不是太大。

但如果在科学领域，一个数据的不准确，造成的损失有时是不可估量的，从这个角度看，无论你使用计算器还是笔算，结果都是很重要的。

怎样解决这个问题呢？我开始上课了。

师：其实这道题并不难解，先求底面积，再求体积，最后求千克数。谁来说一说，你是怎样列式计算的？

生：先求底面积，用 $5 \times 5 \times 3.14 = 78.5$(平方厘米)；再求体积，用 $78.5 \times 4 \times \dfrac{1}{3}$；最后乘以 7.8。

师：没错，思路很清晰。

生：就是计算乱了。

师：有没有办法让计算变得简单？你看。

（师列出综合算式：$5 \times 5 \times 3.14 \times 4 \times \dfrac{1}{3} \times 7.8$。）

师：如果是综合算式，你会怎么算？

生：我会先把 5 和 4 相乘，另一个 5 和 7.8 相乘得 39，39 再和 $\dfrac{1}{3}$ 相乘得 13，最后用 260 乘以 3.14，哇！简单多了！

师：为什么一步一步计算，容易算错，列出综合算式就有办法让计算变得简单？

生：综合算式计算可以凑整，把 3.14 留到最后计算。

师：凑整就是利用我们学过的乘法的运算定律使计算简单。

（这时，全班同学不约而同地鼓起了掌。）

小学高年级求面积、体积时，与"3.14"有关，常常影响笔算的正确率，没有必要为了提高笔算的正确率而耗费学生太多的时间，可以利用计算器等技术解决较难的计算问题。但引导学生掌握计算技巧，学会选择最有效的方法使计算简便，做到准确无误，才是计算教学的价值所在。

无论在数学学习还是在现实生活中，都需要解决问题，而解决问题的方式方法很多，需要作出正确的选择，使问题的解决更加有效。而选择方法需要综合各方面的条件，分析各方面的因素，这种综合与分析就是思维。选择用分步计算还是综合算式计算，是从左往右计算还是凑整计算，需要根据数与数的联系和所学的运算律的知识作出判断。

思维能力的提高促进了问题的解决，在世界变化如此之快的今天，还需要比思维能力更加高层次的能力，那就是创新能力。

思维能力与创新能力就是"职场能手"与"职场状元"所具备的素质。

教材是教师教与学生学的抓手，也是教师教与学生学的主要内容，这些内容是数学家的发现与创造成果，学习数学家的发现与创造成果，有两种方式：一种是教师告诉学生，另一种是让学生自己去发现知识。

教师告诉学生直截了当，节省时间，学生获取知识的效率高；学生自己发现知识需要一个过程，这一过程需要一定的时间，在获取知识过程中可能会遇到各种困难。

哪种教学方式能培养创新性人才？

翻开 2011 年版数学课程标准可以找到答案：数学课程目标包括结果目标和过程目标。结果目标使用了"了解""理解""运用"等行为动词表述，过程目标使用了"经历""体验""探索"等行为动词表述。这是否告诉我们：学生的创新能力在"经历""体验""探索"的过程中得到培养？

不用过多地去讨论选择哪一种教学方式了，好教师都知道应该引导学生自己去发现知识，而不应该奉送知识，使学生不劳而获，因为培养学生的思维能力与创新能力是数学教学的核心目标，要培养学生的思维能力与创新能力，就要让学生去思维，去创造。数学家弗赖登塔尔说："学习数学唯一正确的方法是实行'再创造'，也就是由学生本人把要学的东西自己去发现或创造出来。教师的任务是引导和帮助学生去进行这种'再创造'的工作。"

答案很明朗了，创新性人才需要创造式的教学方式，学生的创新能力在数学家创造成果的"再创造"过程中培养。

我们用《长方体的认识》的课堂教学加以说明。

一年级学生认识了长方体、正方体、圆柱、球等立体图形，形成各种图形的表象，能说出各图形的名称，五年级从点、棱、面等角度再次认识长方体，了解长方体的特征，为长方体表面积和体积的学习作好准备。

听了几次《长方体的认识》课，普遍的做法是，单个学生或学习小组借助长方体模型观察发现长方体的顶点、棱和面的特征，有些特征发现不了，教师再相机引导，最后通过表格整理。

单纯通过看（观察）、交流、总结长方体的特征，学生只看表面，而没有深入本质，如长方体相对的棱（四个长、四个宽、四个高）相等，学生只从表面上认定相等，并没有数学地思考；认识长方体特征只看不做，缺少亲身体验，空间观念并没有真正建立起来；师生一问一答，课堂单调无趣，难点问题没有消化。

对于数学概念，怎么改变原来靠"看"（观察）来记忆，而是让学生"创造"出来呢？我作了如下的尝试。

一、比较导入

（师出示一个长方体和一个球，让学生比较两者的不同点。）

师：长方体与球有什么不同？

生：长方体有棱有角，球没有。

生：长方体有几个面，球只有一个球面。

师：对！长方体有好多条棱，球没有棱；长方体有角，就有好几个顶点，而球没有顶点；长方体表面是一个一个长方形面，球没有平面，只有一个球面。今天，我们就通过长方体的顶点、棱、面三个角度再一次认识长方体。（板书：认识长方体。）

二、操作促思

师：老师为大家准备了16根小棒，有些长度相等，有些不相等，你能选择其中的12根小棒搭成一个长方体吗？看哪个小组同学搭得快！

4cm

6cm

5cm

7cm

8cm

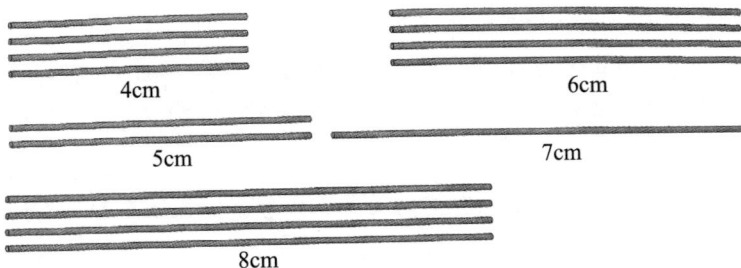

（如果选择的小棒长短不符合长方体棱长特点的要求，搭不出长方体，学生需要根据小棒的长短调整选择使用小棒；如果能根据长方体的特征，选择三组小棒，每组小棒的长短相同，那么就比较顺利地搭出长方体，空间感就在搭长方体的动手操作中形成。搭长方体的意图就在于此。）

师：怎样选择小棒，搭得快？

生：选 3 组 4 根的，每组 4 根长度一样，搭起来就很快了。

师：现在，你发现了长方体的哪些特征？

生：一共有 12 条棱，相对的 4 条棱长度相等，有 3 组。

师：这 3 组棱分别叫长、宽、高。长方体有 4 个长、4 个宽和 4 个高。（课件演示）

师：长、宽和高相交于一点，这叫顶点，数一数，有几个顶点？

生：有 8 个。

师：这里有 8 个面，请小组同学挑选，看看挑几个面，挑哪些面才能围成长方体？

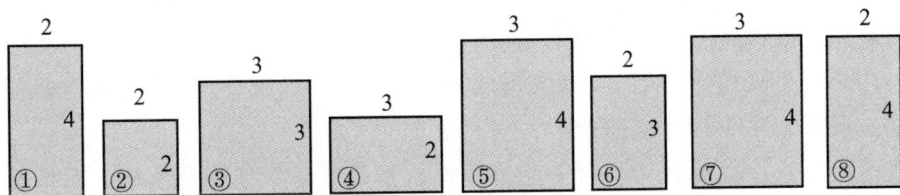

①　②　③　④　⑤　⑥　⑦　⑧

师：你又知道了长方体的哪些特征？

生：长方体有 6 个面，前后两个面相等，左右两个面相等，上下两个面相等。

师：是否可以这么说，相对的两个面面积相等？

生：可以！

生：长方体的 6 个面都是长方形。

生：老师，我的长方体有两个面是正方形。

师：其他 4 个面呢？

生：还有 4 个面都是长方形。

师：有时，长方体有一组相对的面是正方形，但其他 4 个面是长方形。

三、总结延伸

师：谁给大家介绍什么样的立体图形是长方体？

生：有 8 个顶点，12 条棱，6 个面；相对的棱长度相等……

师：什么样的立体图形是正方体呢？小组同学讨论、总结出正方体的特征。

（经历长方体特征的探究学习，正方体特征很快就找全了。）

师：长方体与正方体有什么相同点？

生：正方体也是 8 个顶点，12 条棱、6 个面……

生：长方体的特征，正方体都有。

师：正方体有何特殊的地方？

生：正方体 12 条棱、6 个面都相等。

师：因此，正方体是特殊的长方体。

……

弗赖登塔尔说："学这一活动最好的方法是做。"提供让学生思考的数学活动——搭长方体和围长方体，在搭和围的动手实践中，学生需要思考与选择用哪些小棒和哪些面才能搭和围成长方体。搭和围成长方体的过程，就是学生观察、发现、创造的过程。

判断一个概念是否真理解与真掌握，不是看学生能否背出来，而是看能否做出来或画出来。长方体概念的形成是搭出来和围出来的，这种"行为化"概念体现学生的真理解。

反思到这，你对"基础"是否有了新的理解？

基本知识与基本技能、基本思想与基本经验就像地基，地基不是目的，目的是在地基上盖漂亮的大楼，地基上面的大楼能够发挥作用，供人工作或居住。大楼发挥的作用有多大，取决于大楼的设计与施工，设计与施工的好坏取决于设计者与施工者的思维能力与创新能力。

数学课程标准从知识技能、数学思考、问题解决、情感态度四个方面界定了数学课程的总目标。数学思考、问题解决、情感态度的发展离不开知识技能的学习，知识技能的学习的目的是促成其他三个目标的实现。

课程目标从"两基"变成"四基"，增加了"基本思想""基本活动经验"，以及"思维方式""能力""价值""兴趣""信心""习惯""创新意识""科学态度"等，这些都是一种隐性的东西，恰恰是这种隐性的东西体现了数学素养，是伴随人的一生发挥作用的"基础"，而这"基础"的核心是思维能力和创造能力，也就是说，思维能力与创造能力是伴随人一生发展的有用的数学。

学生需要什么样的数学，奠定什么样的数学基础？答案逐渐明朗化了。

反思 2 教有用的数学

女儿的"数学之问"以及在前面讲的许多数学教育故事不断地在提醒我：要教有用的数学。

在问题三的反思 1 中，明确了数学的基础知识、基本技能、基本思想、基本活动经验是学生适应社会生活和进一步发展所必需的"四基"，"四基"必须有利于学生思维能力与创新能力的培养。

具体到操作层面上，问题又出现了：什么样的数学内容是有用的？怎么让学生感受到数学知识的有用？怎样让数学知识在实际运用中发挥作用？

教有用的数学，教师首先要选择有用的数学。

以计算教学为例，谈谈什么样的数学是有用的数学。

谈论这个话题，先来看看学生对计算的真实感受。

一次被邀请到厦门实小听课，课题是"神奇的计算"，上课伊始，老师问学生："学数学最不喜欢什么？"全班同学异口同声地答道："计算！"对我震动不小。

回到学校上课，我也一样问学生："学数学最不喜欢什么？"没想到，同学们毫不犹豫地回答："计算！"

"为什么不喜欢计算？"我打破沙锅问到底。

"计算最没有意思，有些时候把我们整得脑袋都要爆炸了，让我们用计算器计算多好啊！"

……

计算是数学学习中一项重要的技能，每一道作业题或试题，基本上需要通过计算作答，学生不喜欢计算，甚至对计算有抵触心理，这个问题不能小视。

学生都知道用计算器计算能解决问题，教师为什么非要学生笔算呢？

教师"强迫"学生笔算的结果是学生不喜欢笔算，连教师也不喜欢笔算，在统计学生考试成绩时用计算器。

要求学生花大量的时间学习可以用计算器轻而易举解决的计算问题确实没必要。大量的重复机械的计算训练不能培养学生的思维力与创造力。

近几十年教材的变化体现了计算内容的改变。

小时候学的是算术课，不叫数学课，"算术"顾名思义就是算的技术，后来改为"数学"，是一大进步，课程标准把数学定义为"数学是研究数量关系和空间形式的科学"。

随着计算机技术的发展，在人们的生活与工作中，比较复杂的计算往往为计算器所代替，"算"的技术没有单独教学，而是与应用题整合，突出"算"的需要，减弱了"算"的分量，学生算的熟练程度也相对减弱了，但学生的思维能力却得到了提高。

学生有选择的权利，教师剥夺学生使用计算器会适得其反，他们会问："老师，为什么非得要用笔算呢？"你会说："我们一定要学会笔算，考试是不能带计算器的。"学生进一步产生疑惑："为什么考试不能带计算器呢？谁规定的？有些难的计算容易算错，又算得慢，可计算器算得又对又快！"

是啊！为什么不能用计算器呢？不断训练学生的计算，以此提高学生的计算熟练程度，到底有多大的用呢？如果允许学生使用计算器，会不会影响学生的计算技能呢？

下面有一个课例，或许对我们的讨论会有帮助。

"明天我们就上一节计算课。"

"啊，又是计算！"学生显得很沮丧。

"明天的计算课可以用计算器。"

"真的吗？"学生不相信。

"真的！"我很认真地回答。

第二天，我来到教室里，同学们早已把计算器放在课桌上。

"189×78。"

计算器里的答案很快出来了。

"等于 14742。"同学们异口同声地说。

"计算器比笔算快！"

"2000-250×4。"

计算器里的答案也很快出来了，许多同学的答案是：7000。

"错了！错了！等于 1000。"有同学大声地纠正。

"250×4=1000，2000-1000=1000。计算器也有打瞌睡的时候。"

"按算式顺序算，就会先算 2000-250，应先算 250×4。"

"那就麻烦了！"

"干吗用计算器，口算不就得了！"

"有些时候，口算比计算器快！"

"256×102-256×2。"我又出了一道题。

只见同学们既用计算器，又用草稿纸，算出了结果，都正确。

"我用口算更快，等于 256×100，等于 25600。"一个同学得意洋洋地表现自己。

"看来，有些时候，口算比计算器快！现在你知道为什么要学习一些简单、简便的计算了吗？"

"知道了！"

……

用笔算、口算还是用计算器计算，哪个算得对又快，没有标准答案，只有根据具体的计算个案，才能选择使用哪个计算方式，而这种选择是学生在实际工作与生活中需要面对的，因此，学会选择是学生的一项重要素质。

看来，口算与简算的学习是有用的。

复杂的计算可以借助计算器，计算器比笔算来得快而准，是不是可以判定，笔算内容没有用，应该从教材中删去，根本不用学？然而，教材还是编排了一些稍复杂的笔算内容，如两位数乘法和两位数除法。

如果从计算的结果来看，毋庸置疑，计算器比笔算来得快而准。

学习笔算的价值到底在哪呢？

笔算是我们的先辈在生活条件极度低下的环境下的伟大创造，是宝贵的历史文化遗产，计算器也是在笔算基础上的跨越性的创造，这种创造来源于生活与实践。重走先辈的创造之路，体验计算的历史与文化，培养学生的计算思维与创造能力，才是笔算教学的价值所在。

比如 $43 \div 3$ 的计算，不必按给定的法则，从高位除起，4 除以 3 商 1，还余 1，把个位上的 3 落下来，合成 13 再除 3，商 4 余 1，结果是 14 余 1；而应该提供 43 根小棒平均分成 3 份的操作探究活动，先分整捆（整十数），每份先分 1 捆（1 个十），剩下 1 捆与 3 根再分，每份分得 4 根，还剩 1 根。科学家们发明了世界上最简单的记录方式——除法竖式计算。

$$
\begin{array}{r}
14 \\
3\overline{)43} \\
\underline{3} \\
13 \\
\underline{12} \\
1
\end{array}
$$

2011 年版数学课程标准是这样界定"运算能力"的：培养运算能力有助于学生理解运算的算理，寻求合理简洁的运算途径解决问题。不难理解新课标指导下的数学教材逐步淡化复杂计算教学，计算教学融入具体问题，强调算理，优化算法，归根结底还是在于培养学生的思维与创造力。因此，考测学生的运算能力也不要太看重机械计算的结果，而在于思维与创造的过程。从这个意义上说，计算不是被弱化，而是加强了。

选择有用的数学，就要看它是否有利于学生思维能力与创新能力的培养。

选择有用的数学，只解决了学生学习内容的问题，接下来需要讨论的是如何解决学生的学习动机问题。

激发学生的学习动机大概有两种策略：一是数学内容让学生感到有趣；二是数学内容能够让学生感到有用。

让学生感到有趣的问题，重点在第三个反思中讨论。在反思2中重点讨论如何让学生感受到数学的有用。

学生如果能在学习有用的数学的过程中感受到数学的有用，主动学习就成为可能，学生拥有有用数学的可能性就大。

数学教学让学生感受数学的有用，是多么重要的一项工作。

下面，从《方程》一课谈谈如何让学生感受数学的有用。

小学高年级开始接触方程，老师都知道方程在数学中的重要性，到了初高中，大多数学问题需要用上方程。

可是，小学生却不太喜欢方程，如果没有要求用方程解决问题，学生一般愿意用算术方法解题。一方面由于学生习惯于算术思维，另一方面由于小学阶段问题比较简单，运用习惯的算术方法解题不是一件难事，何况方程解在操作步骤上比较麻烦。

怎样让学生体验方程的必要与作用，让学生自觉自愿地选择方程解决问题呢？

简单的方程问题，要说服学生使用方程解决问题没有底气，只能是强制执行，可教育不能强制，只能相机诱导。稍复杂的方程问题给了我们一次实践体验的机会。

请看下面的教学片段。

（老师出示课题：足球上有白色皮和黑色皮，白色皮共有20块，比黑色皮的2倍少4块。黑色皮有多少块？）

师：解决这个问题，谁有信心？

（全班同学都举起了手，跃跃欲试。）

师：试一试，谁能完成解题任务？

（同学们动起了笔，老师发现：全班同学都用算术方法，只有一个同学列出正确算式。很快，同学们举起手表示做完了，老师有选择性地请几个同学板演。）

（1）20÷2-4=6（块）　　（2）20×2-4=36（块）

（3）20÷2+4=14（块）　　（4）（20-4）÷2=8（块）

（5）（20+4）÷2=12（块）

师：这么多的算法，结果都不一样。

（同学们各抒己见，争论不休。）

师：解决"比多比少"的问题，首先要思考哪一个问题？

生：谁与谁比？

师：对！谁与谁比？

生：白色皮的数量与黑色皮比。

师：白色皮比黑色皮多还是少？

生：比黑色皮的2倍少。

师：那白色皮与谁比？

生：白色皮的数量应该与黑色皮的2倍比。

（师板书：白色皮　黑色皮的2倍）

师：对了！思考的第二个问题是……

生：谁多谁少？白色皮少，黑色皮的2倍多，相差4块。

师：用一个等式表示白色皮和黑色皮2倍之间的关系。

生：黑色皮的2倍 - 白色皮的块数 =4。

生：白色皮的块数 +4= 黑色皮的2倍。

生：黑色皮的2倍 -4= 白色皮的块数。

师：你会选择哪个关系式求黑色皮的块数？

生：都要用方程解。

师：设黑色皮为 x 块，列出方程。

（根据学生的选择，板书对应的方程：

$2x-20=4$　　　$20+4=2x$　　　$2x-4=20$ ）

师：这三个方程比较复杂，我们暂且叫它稍复杂的方程，怎么解呢？

生：先求出 $2x$ 等于多少。

师：对！先求 $2x$，把 $2x$ 当作一个整体，就是先求黑色皮的2倍。开始解方程吧。

（老师请三位同学在黑板上解三个方程。讲评时，强调等号要对齐和验算、写答。）

生：也可以用算式（20+4）÷2=12（块）。

师：为什么刚才第五种算式计算是对的？

生：先求黑色皮的 2 倍，在方程中就是 2x。

师：回过头来看看，你有什么新的收获？

生：解题前先要想明白"谁与谁比？""谁多谁少？"，然后列出两者间的关系式，再选择用算术方法还是用方程来解题。

生：有些时候，用算术方法解题容易出现错误，用方程更容易了。

师：是呀！如果所有的数学问题都能用算术方法解的话，为什么要花那么多时间学习方程呢？学习方程不就是为了都我们解决比较复杂的问题吗？

（学生经历从"错误"到"正确"的解题过程，体验方程的作用，当解决问题过程中遇到困难时，需要作出新的选择，方程就呼之欲出了。）

体会数学的有用，一般的方法是教师设置新的数学问题，学生靠原有的经验和方法无法解决，需要找到一种更为科学、更为便捷的方法，方法找到了，问题就解决了，这一过程的体验往往令人欢欣鼓舞。

体会数学的有用，还需强化数学的应用，培养学生的运用意识。一方面，有意识利用数学的概念、原理和方法解释现实世界中的现象，解决现实世界中的问题；另一方面，认识到现实生活中蕴含着大量与数学和图形有关的问题，这些问题可以抽象成数学问题，用数学的方法予以解决。

传统教材过于偏向抽象理论、公理化和演绎推理方式，缺少数学的应用内容，使学生误认为数学是一门远离现实生活的抽象学科，学习数学不是为了解决实际生活问题，而只是为了升学考试。现行的教材越来越重视数学的应用，增加了"综合实践"内容，但老师们还是没有足够重视，这种强调理论概念与知识堆积的数学教学只能使学生会进行数学符号运作，而缺乏数学洞察力和在多样信息背景下正确选择与判断来解决实际问题的能力。

教材中呈现的数学内容注重理解和掌握基本的数学概念与数学运算，以及解决条件具备的数学问题，每节课内容就是一个知识点，容易使学生的思维僵化，思路狭窄。当学生面对生活实际问题而手足无措，发现所学的数学知识无用武之地时，学生的学习动力不足是自然之事。

因此，强调数学的应用，是数学教育的一个转向。

下面的估算教学案例很有代表性。

半期考试结束，本年级数学老师流水作业改卷，按理说，数学题一般都有标准答案，可这张考试卷就有一道题没有唯一的答案，题目是 $43 \times 14 \approx ?$ 有几个估算结果都对。

（1）$43 \times 14 \approx 400$

（2）$43 \times 14 \approx 430$

（3）$43 \times 14 \approx 560$

（4）$43 \times 14 \approx 450$

（5）$43 \times 14 \approx 600$

上面几个答案都是把两个因数或其中一个因数看作整十数估算，有一定道理，可还出现了几个"没有道理"的答案：

（6）$43 \times 14 \approx 500$

（7）$43 \times 14 \approx 580$

（8）$43 \times 14 \approx 700$

……

你能判定这些答案不对吗？700 这一估算结果还比 400 更接近准确数呢！

都对吧，只要估算结果不太离谱就行！年级组老师形成一致意见，打上了"√"。

这道试题的价值何在？有多少含金量？如果我们停留在学生能考试的层面上，只要告诉学生把一个数看作整十数或把两个数看作整十数估算，反复训练就可以了。考试的目达到了，但是对学生的后续甚至终生的发展有多大的作用呢！

把一个数看作整十数或把两个数看作整十数估算的机械训练的确无用也无趣，但不同的正确答案背后却隐藏着不同的数学价值：

（1）把一个因数看作整十数，比把两个因数看作整十数估算比较接近准确数，也就是估得比较准。

（2）把大数看作整十数又比把小数看作整十数估算更加接近准确数。

（3）而把大数看作整十数（小估），小数大估（看作 15）最接近准确数。

如果在现实生活中，如一份肯德基套餐 14 元，全班 43 人，600 元钱够吗？学生又会作出怎样的判断呢？

如果能让学生体验到答案背后的价值判断，估算就变得有用又有趣了，不仅是有趣，还很有味！

　　课堂教学怎么样让学生感受估算的"有用""有趣"又"有味"呢？我尝试上了一节"自编"的估算课。

一、哪种估算好？

　　师：（板书：$43 \times 14 \approx ?$）请大家估一估，$43 \times 14 \approx ?$

　　生：560。

　　生：400。

　　生：600。

　　生：430。

（学生的估算结果不一样，教师按从小到大板书。）

　　师：哪个对？

　　生：好像都可以。

　　师：你喜欢哪个估算结果，为什么？

（学生的回答各不一样，其中一个学生的发言引起了大家的思考。）

　　生：我喜欢600，因为它最接近准确数。

　　师：离准确数最远的是哪个？为什么？

　　生：400，因为把43和14分别看作40和10，都小了，所以离准确数比较远。

　　师：那怎么让估算结果更接近准确数呢？

　　生：把一个数看作整十数，另一个数不变，这样估算更接近准确数。

$$43 \times 14 \approx 430 \qquad\qquad 43 \times 14 \approx 560$$
$$\downarrow \qquad\qquad\qquad\qquad\quad \downarrow$$
$$10 \qquad\qquad\qquad\qquad\quad 40$$

　　师：同样把其中一个数看作整十数，估算结果怎么会有那么大的差距？

（同学们在议论纷纷。）

　　生：把14看作10，就少了4个43；而把43看作40，才少了3个14。

　　生：把43看作40估算比较接近准确数。

（师通过课件演示，使学生直观理解其中的奥秘。）

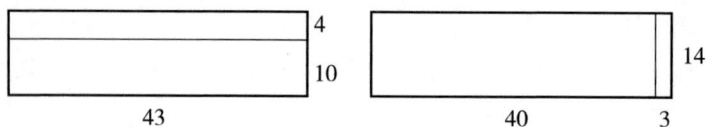

师：看来把大数看作整十数比较接近准确数。怎么让估算结果更加接近准确数呢？

生：一个看大，一个看小，这样就平了。

师：有道理！把43看作40，把14看作多少好呢？

生：把14看作20。

生：把14看作15。

生：把14看作15好！如果把14看作20，就会多6个43，200多了，太远了。把14看作15的话，就多了1个43，这样，与少的3个14就扯平了。

（师板书）

师：如果一份肯德基套餐14元，全班有43人，准备600元够吗？

生：够！

生：万一少了呢？

生：还是多带一点吧！

师：你准备带多少钱去比较保险？

生：650元，多带50元肯定行！

生：我会带700元，多带一点还可以用在其他方面，少带就闹笑话了！

师：是呀！在估算时，我们尽量让估算结果更准一些，在现实生活中，还要具体问题具体分析，根据实际情况作出正确的判断。

二、"1"躲到哪去了？

师：这地方去过吧？

生：去过，园博园。

师：请你估一估，这个旅行团到园博园旅游大约需要准备多少钱？

票价：61元

一旅行团有39人，大约需要准备多少钱？

生：$61×39≈2400$。

师：带2400不会闹笑话吧？

生：绝对不会，2400比准确数大。

师：为什么？

生：把61看作60，少了1个39，把39看作40，多了1个61，肯定比准确数大。

师：大了多少呢？

生：$61-39=22$，大了22。

师：那么准确数应该是$2400-22=2378$，对吧？

生：好像不对，61的"1"乘39的"9"，个位应该是9啊！

生：应该是2379。

师：那2378与2379相差的"1"躲到哪去了？

生：是啊！躲到哪去了呢？

（同学们面面相觑，眼光投向老师，很想从老师那解开谜团。）

师：老师也还没找出来，咱们下课后再去找，找到后告诉老师。

三、能写下500字吗？

师：小明也参加了这次游玩，回家后他准备写一篇作文，题目就是"美丽的园博园"。下面的这张稿纸能写下500字吗？

（出示一张画了$25×21$格的稿纸。）

生：能！$25×21≈500$，格子数比500还多25，是525，能写525个字。

（连续问了十几个同学，大家都认为能写下500个字。突然有一个同学表示有不同的看法。）

生：可能写不下，第一行只能写"美丽的园博园"6个字，就浪费了19个格了，还有每一段第一行开头要空两格。

生：对！对！每一段后面也可能要浪费格子，很有可能不够写。

师：怎么办呢？

生：多给一些格子。

师：对了！要写 500 字左右的作文，老师往往会给 800 至 1000 个空格，留有余地。

四、这节课，印象最深的是什么？

师：通过这节课的学习，给你留下印象最深的是什么？

生：估算时，越接近准确数越好。

生：如果买东西，最好多估一些，多带些钱。

生：解决现实问题，还要考虑实际情况，比如给作文稿纸格子数量。

生：我还在想，那个"1"跑哪去了？

……

师：看来，同学们的收获很多，至于那个"1"，咱们课后继续研究，相信同学们一定能把它找出来。下课。

上完这堂课后，感触颇多，究竟怎样的课才算是一堂好课？

首先，课堂学习内容是"有用"的。"有用"的内容必然是学生在现代生活和学习中所需要的数学知识与技能，更重要的是培养学生的思维能力与创新能力。本节课内容不局限在把因数看成整十数估算这一层面上，而是引导学生透过现象，深入分析估算过程中数与数发生的变化，体验不同估算的价值，根据具体情况作出合理的判断，提高分析问题与解决问题的能力。

其次，课堂学习过程是"有趣"的。数学学习的"有趣"不仅体现为学习内容有趣，更体现为学习过程中"出味"——"估算结果怎么会有那么大的差距？""怎么让估算结果更加接近准确数呢？""准备 600 元够吗？""'1'躲到哪里去了？""能写下 500 字吗？"等数学问题与现实问题引发学生的思考，打开了学生的思维，激发了学生的好奇心与求知欲。

其三，课堂里的学生是"有变化"的。课堂教学不在于有多热闹，而在于学生通过课堂学习发生变化，从"不知"走向"知"，从迷茫走向明朗，从郁闷走向愉悦，从无所适从走向立场坚定。

教有用的数学，方法很多，无法一一例举，但总结起来大致有三个秘籍：

一是选择有用的数学，抓住数学的本质，深入数学的核心，学会取舍，学习有用的数学。

二是感受数学的有用，体验数学知识的魅力，激发学生的学习动机，促进学生学好数学。

三是强调数学的运用，发现现实生活中的数学问题，用数学的概念、原理和方法解释与解决现实问题，培养运用意识，强化数学学习的必要性。

反思3 教有趣的数学

在反思2中谈到，学生学习数学的动机有两个：一是学生感受到数学的有用，二是学生感受到数学的有趣。反思2中已经回答了"如何让学生感受到数学的有用"这一问题，反思3重点讨论"如何让学生感受到数学的有趣"。

感受数学的有用，解决了"我要学"的问题，感受数学的有趣，解决的是"我爱学"的问题，两者缺一不可。只强调"有用"，而忽视"有趣"，会出现什么状况呢？

请认真阅读下面这一真实故事。

师范毕业，被分配到一所乡镇中心小学任教。农村任教的六年，是我专业成长的黄金时间，在专业成长的过程中，总是与教育的错误行为相伴同行，经常为此自责。

也许这正是人在成长道路上必须付出的代价。

刚毕业第三个年头，学校安排我教二年级两个班的数学，这两个班有明显的差异，不到一个月时间里，发现课堂越来越热闹，已经达到了无法控制的地步，心想一定得把这种状况扭转过来。

用什么办法扭转这种局面呢？带着这个问题请教老教师，老教师传授的经验是中午放学时把学生留下来"杀鸡给猴看"。

放学了，我把学生留下来接受"杀鸡给猴看"的教育。

"今天上数学课讲话、做小动作的同学站起来。"我大声地说。

几个爱在课堂上捣蛋的学生不太情愿地站了起来。

"还有没站起来的，赶快站起来！"我的声音带有一些严厉。

"他也有讲话。""他先动的我。"……站起来的同学不服气，举报旁边坐着的同学，被"举报"的同学只好也站了起来。

"还有他""还有他"……在我严肃的表情震慑下，几乎全班同学都站了起来。只有晓凤等三个女同学还坐在那。

我表扬了这三个遵守课堂纪律的同学，没等我话说完，三位同学最后也被举报，站起来的学生都举报她们也讲过话。晓凤等也委屈地站了起来。

"站好，谁还没站好？"我开始训话。

这时，教室里瞬间安静下来，同学们低着头接受我的训话。

几个调皮鬼开始不安分，互相使眼色，我不客气地把他们一一扯到讲台前。

这时，学生真的有点怕我了。

一个小时很快过去了，学生一动不敢动。

"知道做错了吗？"

"知道了。"

"错在哪里？"

"上课不专心，开小差。"

"明天开始要怎么改？"

"上课专心，不做小动作。"

"如果明天还犯错，怎么办？"

"罚抄课文。"

"罚扫地板。"

……

"好！希望同学们从明天开始，上课认真听讲，不做小动作，大家都做好学生。"我开始收场。

看着学生那服服帖帖的样子，我很是得意。

第二天的数学课风平浪静，同学们始终坐得端端正正，一副认真学习的样子，昨天的整治收到了明显的"效果"。

看来，就得给学生来点厉害的，不然，学生觉得老师好欺负。

第三天，讲话、小动作有所抬头，但迫于我的威严，有所收敛，我也就没有计较。

由于这几天学生课堂纪律有很大改观，我心情也好多了。

第四天，我走进教室，学生很快安静下来，我很是欣慰，满脸微笑地开始了新课教学。课堂教学进行了不到 10 分钟，坐在最后面的华波推了同桌一下，两人又开始互相推搡开来；第四组中间的王伟往前面扔了一个小纸条，前面坐的同学捡起来又扔了回来，教室里又开始骚动起来，我赶紧走下去处理；第二组的陈霖与同桌动作更大，竟敢打起架来……

第二轮"整风"工作又在中午放学时间开始了。

几次较量，无论我的手段多么严厉，班级混乱的局面没有改观，而且愈演愈烈。我败下阵来，备感身心疲惫，心想：这当老师怎么这么难呢？我到底做错了什么？

师生的较量源于师生不同的思维碰撞。

教师是这样想的：这个班的学生比较"坏"，大部分学生上课违反纪律，一定要想办法把他们"整"下去，扭转学习风气，所谓"响鼓还需重锤敲"，得来点厉害的，给学生点颜色看看。

学生的确怕了，过后的几天里，学乖了许多。为什么第四天又恢复了原样，而且闹得更厉害？难道学生不怕了吗？

学生又是怎么想的呢？

不难猜测，主动"开小差"的学生是这样想的：自己上课违反了课堂纪律，肯定要受到老师的批评，最后承认错误，好让老师放我们回去吃饭。

班上还有一部分被动"开小差"的学生可就对老师有意见了：是旁边的同学动我，我才"还击"的，为什么我也要挨批挨罚呢？

是呀！这"株连九族"的办法把"好"学生也得罪了，"好"学生也对老师产生意见了，可不敢说出来，怕激起老师更大的怒火，也只好违心地承认"错误"，先过了这一关再说。

在老师的强大压力下，学生在短期内控制了自己的情绪，学乖了许多，但为什么后面几天又开始反弹了呢？难道忘记了老师会对自己实行更严厉的惩罚吗？

学生也是有选择的。到底选择"开小差"，还是选择饿肚子，接受惩罚呢？学生选择了前者，先"痛快"再说。

学生这样选择是要有勇气的！学生的勇气哪来的？怎么会有这么大的勇气呢？

自己参加了一次骨干教师培训，一位大学教授的一节课也出现了许多"开小差"的学员，我才恍然大悟。

原来，学生是这样想的：老师啊，这样的数学课太没意思了！

没意思的数学课，当老师的都坐不住，二年级的学生又怎么能长期坐得住呢？

由此找到了问题的答案，帮助学生改正错误的正确方法是：教师先改变自己，转变教学方式，让数学课堂有意思起来。

长期待在没有意思的课堂里，对于天生贪玩的孩子来说，是很"痛苦"的煎熬。数学不好玩，学生的数学学习是不会长久下去的。

学生贪玩，老师是无法改变的，既然是无法改变的，聪明的老师会想尽一切办法吸引学生玩他任教的学科内容，这叫"玩中学"。

三年级校本教材里的《24点》一课会让你眼前一亮。

一、揭题

你们用扑克牌玩过什么游戏？今天我们一起玩转"24点"。游戏规则是：运用 +、−、×、÷、（　　）把牌面上的数算出24；每张牌必须用上，且只能用一次。

二、游戏

游戏1：教师出1张，学生选1张凑24。学生选2张凑出24。共找出了5对组合：

4和6　　　　3和8　　　　12和2　　　　11和13　　　　12和12

得出：只能用乘法与加法凑24。

游戏2：师出一张牌，生选2张和师碰成24。

A. 师出8。

生：（1、2）因为1+2=3，3×8=24。

生：（1、4）因为4−1=3，3×8=24。

生：（10、6）因为10+6=16，16+8=24。

生：（4、8）因为4×8=32，32−8=24。

……

得出：用加，只要两张牌能凑成16；用减，只要两张牌能凑成32；

用乘，只要两张牌能凑成 3；用除，两张牌要凑成 192，最大的两张牌 13×12=156，放弃除。

B. 师出 3。

学生很快就找到能凑成 8、21、27、72 的两张牌。

C. 如果师出 4 和 6 呢？

游戏 3：下面几组数如何凑出 24？

（1）2、3、4；

（2）9、3、8；

（3）9、6、13；

（4）3、5、9。

全班交流计算小妙招，后分享：先看与 24 有加减乘除关系的数，如 3、4、6、8、12 等，再用另外 2 张牌凑。

三、限时作答

1. 1、5、8。

学生发现无法凑 24。教师再给一张牌 2，看看谁的办法多？

2. 小组交流与分享。

四、小组 PK 赛

四人一小组，组长发牌，每人 1 张，同时翻牌算 24 点；先想出的人，拍手后说出计算过程，四张牌归获胜者所有；遇到凑不出 24 点的，组长记录并换牌；PK 时间到，计算谁的牌多，就是冠军；每组冠军将进行下一轮的 PK 赛，赛出班级冠军王。

《24 点》一课是典型的"玩中学数学"案例，学习形式是 PK 游戏，学习内容是凑 24 点，形式好玩，学生喜欢，内容有挑战，思维有含量。

"玩中学数学"既解决了玩的需求，又达成了学的目标，真可谓"一箭双雕"。

让数学好玩，大致可从两方面入手：一是在形式上有趣；二是内容上有趣。

追求形式上的有趣，大致有三种方法：一是通过教师的儿童化语言感染学生。二是通过教学媒体运用打动学生。三是通过设计儿童喜欢的活动吸引学生。

但是，形式上的有趣是要承担风险的，它容易减弱学生对内容的关注。

布鲁纳说：学习最好的兴趣是对所学材料发生兴趣。追求形式上的有趣，不一定能达成内容上的有效，吸引学生最好的办法并不是形式上的有趣，而是内容上的有趣，通过内容上的有趣促进内容学习的有效。

下面的《垂直与平行》课例看似没有形式上的趣，但却有浓厚的数学味。

《垂直与平行》一课摆在我们面前的有三个问题：

一是先学垂直，还是平行，比较符合儿童的认知规律？在儿童的世界里，"相交"和"直角"两个核心前概念不陌生，是学生已有的生活概念和知识经验；"不相交"比较抽象，因为直线是无限延长的，现实生活中的直线"不相交"只是靠肉眼来判断。因此，教学的先后顺序是先"垂直"，后"平行"。

二是平行与垂直表达的是两条直线的特殊位置关系，平行是在同一平面内两条直线的位置关系（不相交），垂直是相交成直角的两条直线的关系，"相交"这一概念是否先要理解？如何让学生体会"垂直"与"相交"的关系？为什么要"在同一平面内"不相交的两条直线才是平行线？怎么才能科学地而不是靠感觉判断两条直线平行？

三是垂直与平行除了跟相交与直角的知识联系之外，哪些前概念可以帮助学生学习？如何使已知概念与未知概念进行"无缝对接"，让学生品尝课堂中的"数学味"？

请看课堂写真：

一、画直线

师：同学们，会画直线吗？

生：会。

师：在这张白纸上画一条直线，看谁画得快！

（学生认真地画。）

师：你画的直线有多长？

（有些同学用直尺在量，有一个学生站起来说"直线无限长"。）

师：直线可以向两边无限延长，由于我们的纸张大小有限，永远无法画出无限延长的直线。

二、画垂线

师：再画一条直线，会吗？

生：会！

师：不过，第二条直线是有条件的。过第一条直线上一点画一条直线，必须与第一条直线相交。看谁画得快！

（学生小心翼翼地画。教师巡视中发现学生对"相交"理解上一点困难也没有。有意识地挑选了几个同学画的贴在黑板上。）

师：这几位同学的直线画得好吗？

生：好！

（师接着课件演示，学生体会"可以画无数条"。）

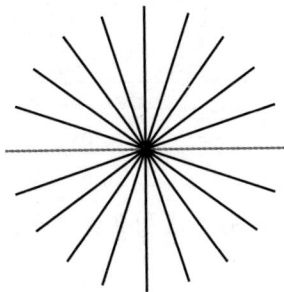

师：在这些直线中，哪一条最特殊？

生：中间的那一条。

生：直直的那一条。

师：（故作不懂）是这条吗？

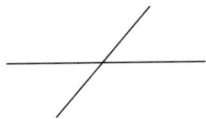

生：不对，不对！它不直。

师：是这条吗？

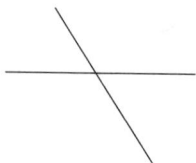

生：也不对。

师：是这条吗？

生：对，对，对！

师：唉，为什么这条特殊？它与刚才那两条直线有什么不同？

生：前面两条直线是斜的，这一条是直的。

师：是不是说这三条直线与第一次画的直线所处的角度不同？

生：是的。

师：我们看看三条直线与第一次画的直线形成的角是什么角？

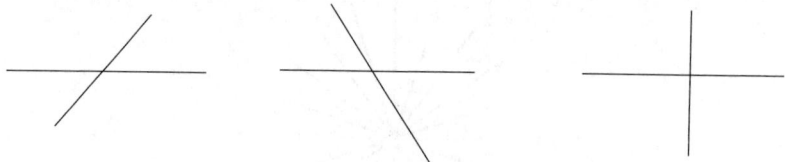

生：这条直线与第一次画的直线相交成直角，其他与它相交的直线形成的角有些是锐角，有些是钝角。

师：口说无凭，怎样才能证明相交成的是直角？

生：用量角器。

生：用三角板中的直角量。

（课件演示用量角器和三角板量直角。）

师：这两条直线相交成的另三个角是什么角？

生：都是直角。

师：你又是怎么知道的？

生：量。

生：不用量，角的两边在同一条直线上形成的角是平角，平角减去直角是直角，因此第二个角是直角，用这种方法计算，第三个、第四个角也是直角。

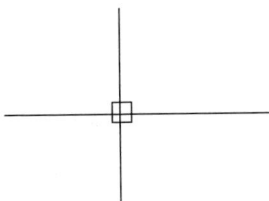

师：不错！你能用所学的知识解决问题。像这样的两条直线相交成直角，我们就说这两条直线互相垂直，其中一条直线叫另一条直线的垂线，交点叫垂足。

三、画平行线

师：刚才我们画了两条直线，认识了"垂线"。下面我们要画出第三条直线，有信心吗？

生：有。

师：听好要求。还是过这一点，画一条直线，与第一条直线不相交。

（同学很快画完了，举起了手向我示意，巡视中发现：画的直线无非有两种，就选择了几张贴在黑板上。课堂上很快出现了不同声音。）

生：老师，那张画得不对。直线不是会无限延长的嘛，两条直线会相交。

（课件演示，两条直线延长后相交。）

师：我们不能看表面，直线是无限长的。怎样才能使这两条直线不相交呢？

生：转一点点。

（课件演示。）

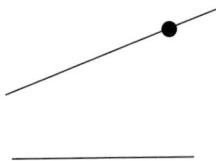

生：还不行！

（课件演示：再转一点。）

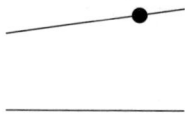

生：还差一点。

（课件演示：再转动。）

生：过了，过了！

（课件演示：往回转一点。）

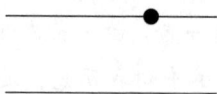

生：好了！好了！

师：真的不相交？

生：真的！

师：怎么证明？

生：把两条直线无限延长，一直都不相交。

（课件演示把两条直线无限延长，体验这种方法无法证明两条直线不相交。）

师：还有什么办法证明两条直线不相交呢？

生：这两条直线的方向完全一样，就不相交了。

生：两条直线之间的宽度一样，就不相交了。

（课件演示：出现方格图，两条直线刚好在方格线上。）

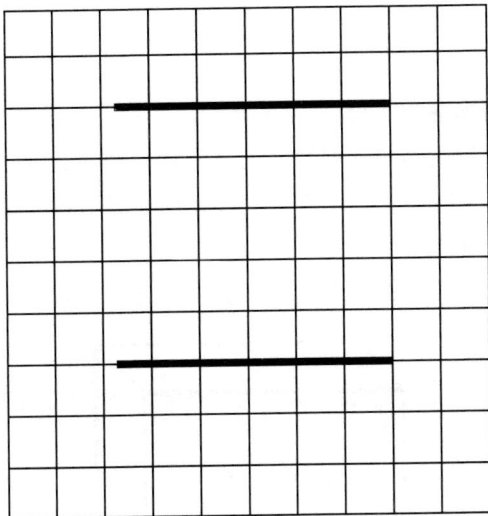

师：现在你知道这两条直线的位置关系了吗？

生：两条直线之间的每一个地方都相差五格。

（课件演示：将其中的一条直线平移，与另一条直线重合。）

师：平移后的直线与原直线不相交。在数学世界里，我们把这样的两条直线不相交叫互相平行，其中一条直线叫另一条直线的平行线。

师：谁能很快说出屏幕中两条直线的位置关系？

（课件演示：直线平移后，其中一条直线绕一个点旋转、再旋转……平行、相交、垂直、相交、平行。让学生感受直线运动中的位置关系，搭构直线位置关系的整体性。）

四、生活中的垂直与平行

师：运动场上，你看到了哪些平行与垂直现象？

（学生举出了单杠、双杠、跑道等平行线与垂线。）

师：火车轨道的两条铁轨位置关系是……

生：平行。

师：为什么两条铁轨是平行线？

生：如果不是平行的，火车就会容易脱轨，造成交通事故。

生：因为火车的两个车轮之间的距离是固定的，两条铁轨不平行的话，车轮就会跑到外面去，就危险了。

师：说得好！两条铁轨必须互相平行。

五、图形中的垂直与平行

师：我们学过的图形中，哪些边是平行的，哪些是垂直的？

（课件依次出示长方形、正方形、长方体、正方体，让学生判断哪些直线平行，哪些直线垂直。）

师：在长方体中，这两条直线不相交，是平行线吗？

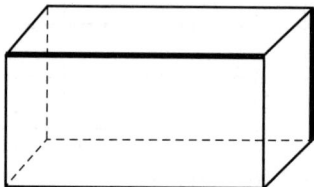

生：是。

生：不是。

师：为什么？

生：不相交的两条直线叫平行线，这两条直线不相交，肯定是平行线。

生：两条直线的方向不一样，肯定不平行，不能叫平行线。

（课件演示：两条直线不在同一平面内。）

师：看来，两条直线互相平行，还必须有一个条件：在同一平面内。

六、梳理两条直线位置关系

师：谁来总结在同一平面内两条直线的位置关系？

生：在同一平面内两条直线不是相交，就是平行。

生：两条直线如果相交成直角，就叫垂直。

（师通过板书整理。）

也许你身在文本中无法体验真实课堂中学生的状态，可能你也不会想到课堂"画三条线"激起了学生无穷的乐趣。

我在想：课堂上没有游戏，没有卡通，"画三条线"怎么就把学生"收买"了？其中的奥秘是什么？

"会画直线吗？"谁也没想到老师的任务这么简单，谁都会画呀！

"再画一条直线（相交），会吗？"这也不难呀！谁都会画。

"哪一条最特殊？"数学思维的发动机开始工作了，在"斜的""直的""角度不同""相交成直角"的辨析中，垂直的定义也就水到渠成了。

"画一条直线，与第一条直线不相交""怎么证明（两条直线不相交）？"课堂再一次掀起波浪。

"把两条直线无限延长，一直都不相交""两条直线的方向完全一样""两条直线之间的宽度一样"等闪现课堂智慧，教师提供的思维脚手架——方格图，将平移与旋转的旧知与新知建立起联系，打开了思维的闸门，一发而不可收。

生活中、图形中的平行与垂直开拓了学生的视野，建立起数学与生活的联系、数学与数学的联系，体现了数学的价值。

哦！我似乎明白了：看似简单的课堂，学生为什么会乐在其中呢？

这是一堂有思维含量的课，学生没想法都难。

这是一堂有事做的课，学生闲下来都难。

原来，学生喜欢的课堂是让人拼命往下想的课堂，而不是无聊的课堂。

问题三的三个反思结束，反思 1 结合课标给数学基础重新定位；反思 2 诠释怎样的数学才是有用的数学；反思 3 回答怎样让数学有趣，通过有趣促进有效。

教什么样的数学？教有用的数学。

有用的数学指向数学的基础知识、基本技能、基本思想与基本活动经验，核心目标是思维能力与创新能力。思维能力是在数学学习过程中的问题解决能力，创新能力是在数学学习过程中的"再创造"能力。

教什么样的数学？教有趣的数学。

有趣的数学，体现在形式上的有趣和内容上的有趣，其根本是内容上的有趣。内容上的有趣归根到底要有数学思维的挑战性。

有用的数学与有趣的数学的核心关键词是什么？数学思维也。

只有数学思维才能让数学走得更远。

第二编

学生，究竟
怎么学

通过第一个问题的讨论，我们已经厘清了数学究竟教什么，明确了方向，锁定了目标，接着要研究的问题一般是：数学，究竟怎么教？

教师研究"怎么教"，通常借助教材和教参，制订教师心目中最优的教学方案。然而，教师心中最优的方案真的适合学生的学习吗？

不一定！

教学方案体现的是教师的教学思维，当教师的教学思维遇上学生时，学生学的思维不一定能接纳教师教的思维。

要让教师的教适合学生的学，就得研究学生的学。只有了解了"怎么学"，讨论"怎么教"才能更加全面、科学。

因此，第二个要讨论的问题应该是：学生，究竟怎么学？

"怎么学"好比接收，如果盲目接收，或不想接收，或者没有能力接收，或者接收的东西是有害的，同样出现问题。所以必须弄清楚接收者是怎么想的，是怎么接收的，接收时会出现哪些问题。

"怎么学"这一编，重点研究下面三个问题：

第一个问题：学生是怎么想的？

第二个问题：学生是怎么学的？

第三个问题：学生是怎么成长的？

问题一
学生是怎么想的

一位母亲问她五岁的孩子："如果妈妈和你一起出去玩，我们渴了，又没带水，而你的小书包里有两个苹果，你会怎么做呢？"

儿子歪着脑袋想了一会儿，说："我会把两个苹果都咬一口。"

可想而知，那位母亲是多么失望。她本想像其他母亲一样，对孩子训斥一番，然后再教孩子怎么做，可就在话即将说出口的那一刻，她忽然改变了主意。

母亲摸摸儿子的小脸，温柔地问："能告诉妈妈，你为什么要这样呢？"儿子眨眨眼睛，一脸的童真："因为……因为我想把最甜的一个给妈妈！"霎时，母亲的眼里充满了泪花。

如果这位母亲没有改变主意，耐心倾听孩子的真实想法，结果会是怎样呢？

遗憾的是，成年人经常以自己的思维和标准来评判孩子，造成误判，从而制造了许多"冤假错案"。

那么，在我们日常教学活动中，老师的想法与学生的想法是不是也存在差异呢？如果存在差异，老师按自己设定的教学计划行事，可能不是在帮助学生进步，相反，是在不断地伤害学生。

面对天真可爱的学生和精心规划的教学进度，我们应该花更多点时间了解学生是怎么想的。

研究 1　学生是有想法的

每个父母都会问孩子同样的问题：长大后想做什么？成年人需要的答案是：科学家、企业家、医生、老师等。

但孩子是怎么想的呢？孩子的想法未必如你所愿。

我喜欢当老师，我想女儿应该也适合当老师，便对女儿说：长大后，当老师吧！

女儿竟然对我说：我才不干呢！当老师有什么好？

我喜欢音乐，我想女儿也一定会喜欢音乐，说不定能成为一名音乐家，然后有意识地培养她音乐方面的才能，参加"六一"演唱活动，送去钢琴老师家学钢琴，在舞蹈培训班学舞蹈……

结果是，女儿喜欢上了美术，大学里选择的专业是服装设计，志愿当一名"裁缝"，这是我万万没想到的。

在教与学的过程中，学生的行为，老师是不是也经常想不到呢？

俞老师的一堂课，给我带来不小的冲击。

课堂上，俞老师给学生讲了一个故事，耐人寻味。

二年级学生初次接触除法竖式，老师是这样教的：把 15 平均分成 3 份，求每份是多少？列式为 $15 \div 3$，列竖式计算：

$$
\begin{array}{r}
5 \\
3\overline{)15} \\
\underline{15} \\
0
\end{array}
$$

班上许多学生都按老师的要求写竖式，偏偏一个"二愣头"坚持这样做：

$$
\begin{array}{r}
15 \\
\div\ 3 \\
\hline
5
\end{array}
$$

俞老师问学生："你认为哪个好？"

学生齐答："老师写得对，'二愣头'做错了。"

"为什么呢？"俞老师跟进。

"竖式不是这样写的，老师教的和书本里都是那样写的。"学生指着正确的式子说。

"可是，'二愣头'不服气，15+3，15-3，15×3列成竖式是这样的，除法算式应该也可以这样列。"老师边说边板书：

$$\begin{array}{r} 1\,5 \\ +\ \ 3 \\ \hline \end{array} \qquad \begin{array}{r} 1\,5 \\ -\ \ 3 \\ \hline \end{array} \qquad \begin{array}{r} 1\,5 \\ \times\ \ 3 \\ \hline \end{array} \qquad \longrightarrow \qquad \begin{array}{r} 1\,5 \\ \div\ \ 3 \\ \hline \end{array}$$

"你认为哪个更简单？"

"老师的更简单！"一个学生说，接着好几个同学附和着："对啊，老师的更简单！"

俞老师知道，学生无论如何都认准老师与教材规定的更简单，他们不会也不敢挑战老师与教材的权威。

话筒传到中间坐的一个同学，他看了看黑板上的算式，又看了看老师，小声地说："不知道。"

"不知道""不知道""不知道"……后面的同学都说："不知道。"

俞老师心里也明白，"不知道"意味着什么，学生认同"二愣头"的简单，但又不敢"得罪"老师。

终于有一个同学支支吾吾地说："看上去好像'二愣头'的更简单，但他的方法是错的。"

"谁规定'二愣头'的竖式是错的？"

"书本上规定的。"

"可是，'二愣头'还是不服气，他认为自己的方法没有错，而且更简单。"俞老师继续把故事讲下去。

"用什么方法说服他呢？"

同学们面面相觑，都说"不知道"。

……

学生是有想法的，学生的许多想法是老师想不到的，也就是说儿童的思维与成年人的思维是有差异的。

令人担忧的是，有些教师无视这种差异，依然我行我素。

教师与教材在学生心目中是多么的强势，在教师与教材强势的"压迫"

下，真正能大胆暴露自己想法的学生不多，而这不多的学生，往往被老师认为是"叛逆"的孩子，时时被老师提防与压制，这就是当下教育的生态。

天才就是在一次次的提防与压制下被扼杀的。

相信许多学生在刚接触除法竖式时，会选择像"二愣头"一样列竖式计算，与教师、教材的思维冲突，不同的老师对"二愣头"的评价与反应是不一样的。

老师一：讲过多少遍了，怎么还那样做呢？于是批改作业时给的是大大的"×"。学生在与老师几次较量之后，虽然心里不服气，最终只好屈从教材和老师的要求。

老师二："二愣头"的想法是有道理的，他的做法是有依据的，我应该怎么说服他呢？于是老师与学生一起讨论研究"为什么除法竖式不能像加减乘竖式那样写？"学习与创造就开始了。

下面，再看看俞老师是怎么处理的。

"'二愣头'的想法是有道理的，除法竖式计算的书写从加减乘竖式迁移而来，的确比较简单。问题是：为什么书本上不采用'二愣头'的竖式写法，而要这样算呢？"俞老师表达了自己的立场，又提出了自己的疑问。

$$
\begin{array}{r}
5 \\
3\overline{)15} \\
\underline{15} \\
0
\end{array}
$$

俞老师与学生开始了下一个环节的探究活动。为了让除法竖式更具有说服力，俞老师选择了 $42 \div 3$ 作为研究的材料。

师：$42 \div 3$ 这个算式表示什么意思？

生：$42 \div 3$ 表示把 42 平均分成 3 份，求每一份是多少。

师：每个组都有 4 捆 2 根的小棒，平均分成 3 份，大家动手分一分。

（学生以组为单位动手操作，老师请学生演示分的过程。）

生：先分整捆的，每份 1 捆，一共分了 3 捆，还剩 1 捆。

师：还剩 1 捆，怎么办？

生：拆开与后面 2 根合成 12 根，再分成 3 份，每份分得 4 根，12 根全部分完。

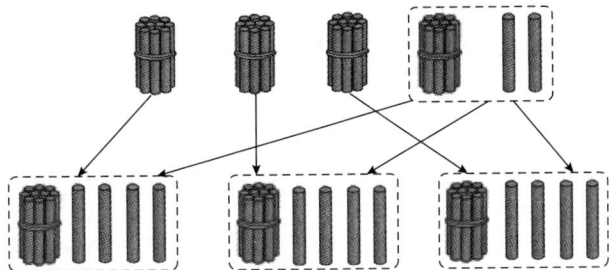

师：这两个竖式，哪个更能记录刚才分的过程，也就是除法计算的过程？

生：书本上的竖式更能记录分的过程。

师：大家一边写竖式，一边说分的过程。

（学生一边写竖式，一边说分的过程。）

"二愣头"：（站起来）老师，原来竖式就是记录分的过程，我知道为什么要这样算了！

师：对了！竖式计算的过程就是记录或表达平均分的过程，这种数字符号的数学表达方式是最简单的表达方式。

"二愣头"的"倔想法"点燃了思维与创造的火种，可贵的是，俞老师没有把火种浇灭，而把它越烧越旺。正因为对"二愣头"的想法充分尊重，才激发了学生的探究欲望，学生才有自我重建、自我改变、自我教育的机会，才有重难点的突破、师生数学价值的认同。

学生是有想法的，学生的想法往往不同于成年教师的想法，正因为如此，学生暴露自己的想法往往要冒"风险"。当学生的想法与老师的想法相近或一致时，学生心里是安全的；当学生的想法与老师的想法相背时，学生心里没有安全感。当学生无法判定自己的想法与老师的想法是否一致时，往往会隐藏自己的想法，而迎合老师的想法。

下面的案例，你是否经常遇上？

昨天上课内容是《分数与除法》，今天8点开始上第一节课，我提早了半个小时到教室，给先到学校的学生批改作业。上课前，已经把班级所有学生的作业都批改完了。

其中一道题，学生错误率很高：

在〇里填上＞、＜或＝。

$$12 \div 7 \bigcirc \frac{7}{12} \qquad \frac{8}{6} \bigcirc 8 \div 6 \qquad \frac{5}{9} \bigcirc \frac{2}{3} \qquad \frac{4}{15} \bigcirc \frac{2}{5}$$

$$\frac{11}{13} \bigcirc 11 \div 13 \qquad 7 \div 15 \bigcirc \frac{15}{7} \qquad \frac{3}{2} \bigcirc \frac{7}{6} \qquad \frac{9}{10} \bigcirc 10 \div 9$$

$$3 \div 7 \bigcirc \frac{9}{14} \qquad \frac{10}{11} \bigcirc 10 \div 11 \qquad 6 \div 5 \bigcirc \frac{6}{5} \qquad \frac{13}{12} \bigcirc 12 \div 13$$

这道题里，除法中被除数和除数与分数中的分子和分母对等的题，学生能根据分数与除法的关系比较大小，如 $\frac{8}{6} \bigcirc 8 \div 6$、$\frac{11}{13} \bigcirc 11 \div 13$、$\frac{10}{11} \bigcirc$

$10 \div 11$、$6 \div 5 \bigcirc \frac{6}{5}$ 等。但除法中被除数和除数与分数中的分子和分母不对

等的题，以及分子、分母都不同的分数比较，学生出现的错误比较多。

教材把"分数大小的比较"安排在《分数与除法》之后，可以在后面的学习中解决今天的问题，可我还是临时决定不上新课，把作业讲评作为这节课的内容。

"昨天的作业中，你遇到了什么困难？"我要看看有几个学生会提出自己的问题。

学生看着我，没有人举手。

"没有""没有""没有""没有"……学生都说"没有"。

很明显，作业中有普遍性的错误，怎么都说没有呢？学生没讲真话。

"比较大小的第2题，我不懂！"终于，胆大的徐梵一举手提问题。

"第2题中的 $3 \div 7 \bigcirc \frac{9}{14}$，怎么比较？"许景威也站起来附和着。

李晔与殷含贠两位女生也表示遇到了此类问题。

其他同学望着老师，似乎想看看老师有什么回应。我请这四位同学站了起来，其他学生向他们扮鬼脸。

口头上的没问题不等于内心里的没问题，当学生不愿意暴露问题与想法时，教师的教就失去了针对性、有效性。相反，学生暴露自己的想法与问

题，教师才能比较准确地引导学生解决内心里的真问题，教学的有效性才能得到提高。

因此，我们希望学生暴露自己的想法，而不希望学生隐藏自己的想法。

然而，学生暴露真实想法是有顾虑的。教师所要做的是如何解除学生的顾虑，重塑课堂的心里安全感。

遇上学生隐藏问题或学生大胆提出问题时，我们应该如何处理？

上述情况，我是这样处理的。

"只有这四位同学有问题，其他同学都表示没问题，没问题的同学帮帮有问题的同学？"我随意点了22号学生为许景威出招。

22号学生涨红了脸，眼睛盯着黑板，憋足了一口气说："不知道。"

"32号……"32号学生不好意思地站起来，轻声说："我也不知道。"

叫了几个座位号，学生都回答不上来，这是我意料之中的，因为我请的都是作业有错误的学生。

"看来，有问题的同学增加到了8个，为什么你们都说没问题呢？"

学生笑了笑，我知道"笑了笑"的意思是：向老师提问题，老师和其他同学会不会认为我笨？

"请没有问题的同学为有问题的出招。"

谢文扬已经等不及了，说："算出结果不就得了。"

我与学生一起计算：$3 \div 7 \approx 0.4$，$9 \div 14 \approx 0.6$，因此，$3 \div 7 < \frac{9}{14}$。

"不用那么麻烦，$3 \div 7 = \frac{3}{7} = \frac{6}{14}$，比 $\frac{9}{14}$ 小，所以填'<'。"林宇恒大声地说。

"为什么 $\frac{3}{7} = \frac{6}{14}$ 呢？"我紧追不放。

"$3 \div 7 = 6 \div 14 = \frac{6}{14}$。"

"哦！用上了前面学过的'商不变的规律'，把分母是7的分数变成了分母是14的分数，分母相同，就容易比较大小了。"我与宇恒一唱一和。

"文扬和宇恒出了两招，你们学会了吗？"

"都学会了！"

"最要感谢的是谁？"

"要感谢的是谢文扬和林宇恒。"大家异口同声地说。

"对！要感谢谢文扬和林宇恒同学，但还有四位同学也要感谢。"

同学们面面相觑。

"如果没有这四位同学说有问题，结果会是什么呢？结果真的把问题留下了。因此，我们要感谢四位有勇气的同学，正是因为他们提出问题，我们大家才变'有问题'为'没问题'。"

教室里响起了热烈的掌声。

"老师也理解有问题的同学没有举手，可能有他们自己的想法，但是当他们站起来帮助解决问题的时候，也能勇敢地说'我不知道'，也应该获得掌声。"

同学们再次鼓起了掌。

"其实，没有人是没有问题的，要不，还坐在这干什么呢？正因为有问题，才需要学习。因此，如果我们真的遇上问题，就勇敢地说'我有问题'吧！现在有问题就是为了今后没问题，平时作业找的问题越多，考试遇到的问题就越少；平时作业解决的问题少，考试时遇上的问题就多。"

教室里很安静，我知道同学们在品味"有问题"与"没问题"之间的关系。

"给提问题的四位同学和出招的几位同学鼓鼓掌，这个课堂需要你们。"

教室里又一次响起了热烈的掌声。

这节课影响了教学进度，也只解决了一个"分数与除法"的问题，就这一个问题，整整花费了一节课。花了一节课的时间，也只是为了明白一个道理：有问题就是为了没问题。

而正是明白了"有问题就是为了没问题"这个道理，学生发生了巨大的变化。

我想：这节影响进度的课很值！因为教育的慢不就是为了教育的快吗？

如果数学课堂是学生害怕讲真话的课堂，是为了迎合老师讲"假话"的课堂，那就是假课堂。

令人担心的是，当学生暴露自己的真实想法，老师认为"被伤害"而强势压制，学生得不到尊重的时候，教育的结果是：学生再也不讲真话了！

学生愿意暴露自己的想法，需要有课堂安全感。学生拥有课堂安全感，是师生长期互相信任的结果，是师生长期建立的平等关系的内心体验，首先需要教师教育观念的自我改变。

学生一旦拥有了课堂的安全感，就会暴露自己真实的想法。如何尊重和利用学生的想法，激发学生的好奇心与求知欲，引导学生自我重建、自我改变和自我教育，是教师需要深入思考的问题。

讨论到这，是否可以形成三点共识：

一是学生是有想法的，学生的想法往往不同于教师与教材所想，它需要得到老师的尊重。

二是尊重学生的想法与感受，首先需要了解学生真实的想法与感受，而了解学生的真实想法与感受，需要学生能暴露自己的真实想法与感受。

三是学生敢于暴露自己的想法，需要有课堂安全感，课堂安全感来自教师。

有些学生的想法是教师意料之中的，有些是意料之外的，有些甚至是不可思议的，但它的背后总是有源头和支点的。教师尊重和利用学生的想法，势必要追根溯源，了解学生是怎么想的，他为什么会这么想。

因此，"学生是怎么想的"成为第二个研究的问题。

研究 2　学生是怎么想的

女儿为什么没有喜欢上音乐，为什么不愿意当老师？她到底是怎么想的？

我终于想明白了：

女儿为什么没有喜欢上音乐？是因为小时候我把她"逼"得太紧了，所谓"物极必反"。

女儿为什么不愿意当老师？那是因为从小看我们是怎么当老师的，所谓"耳闻目染"。

……

孩子们的想法不是无中生有。

在数学课堂中，"二愣头"为什么坚持自己的做法？学生为什么害怕暴露问题?

学生想法的源头在哪? 有没有一些规律可循? 当教师了解学生的想法越全面, 越深入, 教师的教学设计与课堂教学就越到位, 达成教学目标就越快捷, 越有效。

因此, 我们有必要研究学生的想法。研究学生的想法, 首先要研究学生想法的源头是什么。

学生获得知识的过程不仅仅是知识从外到内的简单传递过程, 它并不是学生原封不动地接受和占有知识, 而是学生积极主动建构自己知识的过程, 这种建构活动是通过新信息与原有经验间反复的相互作用而实现的。

原有的经验包括知识经验和生活经验, 学生的想法是否基于原有的知识经验与生活经验呢?

我们还是从案例分析中寻找答案。

唐老师上了一节小数乘整数内容的课, 学生明确了把小数看成整数, 扩大到原数的 10、100、1000 倍, 乘得的积也会扩大 10、100、1000 倍, 那么原小数乘整数的积就是扩大后积的 $\frac{1}{10}$、$\frac{1}{100}$、$\frac{1}{1000}$。

当要求学生用竖式计算时, 学生列出的竖式却不是老师想要的:

$0.72 \times 5 = 3.6$

$$\begin{array}{r} 0.72 \\ \times\ 5 \\ \hline 3.60 \end{array}$$

师: 你为什么这样列竖式?

生: 相同数位上的数要对齐。

师: 小数点为什么是在 3 的后面, 6 的前面?

生: 小数点要对齐。

在加减法的竖式计算中, 老师一直强调"相同数位上的数要对齐, 小数点要对齐", 学生在列乘法竖式时, 自然把这一法则合情运用在乘法竖式计算上, 并且计算结果是正确的。

学生的这一想法合情又合理。那么, 你会用什么办法说服学生把 5 写在

2 的下面进行竖式算呢？

当老师好不容易把学生"扭"过来后，问题又出现了。

$4.6 \times 30 = 13.8$　　　$4.6 \times 30 = 138$

$$\begin{array}{r} 4.6 \\ \times\ \ 30 \\ \hline 13.80 \end{array}$$

$$\begin{array}{r} 4.6 \\ \times\ 30 \\ \hline 0\ 0 \\ 138\ \ \\ \hline 138.0 \end{array}$$

师：你为什么把小数点写在 8 的前面？

生：小数点要对齐。

生：因为小数点后面的 0 可以省略。

学生的这些想法，老师颇感意外，一遍一遍地给学生解释，似乎都无济于事。

"相同数位上的数要对齐""小数点对齐""小数后面的 0 可以省略"等想法是前面小数学习中老师经常强调的，是学生已有的知识经验。

学生已有的知识经验会促进新的认知，叫"正迁移"，有时也会阻碍新的认知，叫"负迁移"。

显然，案例中学生原有的知识经验干扰了学生对新知的理解，这是老师没有预见到的，弄不清楚学生是怎么想的，他们为什么会这么做，也就没有正确而有效的策略应对这种干扰。

奥苏伯尔说："影响学生的唯一重要因素，就是学习者已经知道了什么。要探明这一点，并应据此进行教学。"教师必须尊重学生原有的知识经验，新的知识往往是从问题开始的，新的问题出现，学生往往凭着原有的知识经验作出自以为是的判断，这种自以为是的判断暂且叫"前认知"。

当"新认知"与"前认知"融洽相处时，可以丰富和充实原有知识；当"新认知"与"前认知"存在一定的偏差时，"新认知"的进入会使"原认知"发生一定的调整，这时学生就需要自我调整与转变原有的错误认知，重新建构新的认知。

因此，学生的知识经验是影响学生学习的因素之一，学生往往会利用

"前认知"对新的问题作出自己的判断。教师要足够重视学生的"前认知"对"新认知"的影响，从学生的"前认知"出发，准确地判断学生会怎么想，分析研究哪些"前认知"能促进学生的学习，哪些会阻碍学生的学习，基于学生的想法设计教学的方案，就能提高教学的有效性。

下面，让我们再来分析生活经验对数学学习的影响。

有北师大版一年级《整理房间》案例为证。

（出示房间图，房间里的物品摆放很乱。）

师：你看到这个房间，你想做什么？

生：（齐说）房间里很乱，需要把房间里的东西整理好。

（师板书：整理房间。）

师：房间里的东西该怎样整理呢？请各小组同学商量商量。

（小组里四个学生议论开了。过了一会儿，教师请小组同学发表看法。）

师：哪个组的同学来说一说，你们是怎样整理的？

生：我们是把身上穿的放在一起，学习用的放一起，床上用的放一起……

师：这样整理好吗？

生：（齐声说）很好！

师：有没有不同的整理方法？

生：我是把书放在床上，因为我喜欢在床上看书，所以我把书与枕头放在一起。

师：这样可以吗？

生：这样也可以。

师：把书放在床上也是可以的。还有没有不同的分法？

生：起床后要穿的放在一起，把鞋、衣服、书包等放在一起，这样比较方便。

师：同学们真聪明！能按照不同的想法来整理房间。

从教师的评价"同学们真聪明"可以看出，教师也被学生拉回到生活中来，离分类目标越来越远。

"整理房间"与"分类"有本质上的不同，"整理房间"是生活化的，它以"放哪里"为标准，"分类"是数学化的，它以"是什么"为标准。这一教学片段只停留在"生活性"（整理房间）的思维层面，当老师再问还有没有别的分法时，学生自然而然地与房间这一生活情境紧密联系在一起，以"摆放在哪里"为标准而进行"生活化"的整理。

显然，学生的生活经验影响了数学学习。

"生活化"的整理是学生已有的生活经验，这是教学的起点，如果课堂教学只停留在"生活圈"里转，学生就得不到发展，只有让学生进入"数学化"的轨道，进行数学思考（按一定的标准分类），学生才能用数学的眼光审视生活，才能得到数学的发展，课堂教学才是有效的。

如果教师认识到这一点，就可以改变教学策略，降低学生生活经验对数学学习的干扰，实现从生活经验到数学思考的转变。

首先，出示房间图，让学生感受房间很乱，产生"分类"的需要，进入"分类"教学环节。

然后，将房间物品"抽象"出来（提供图片），学生利用图片进行分类，引导学生多角度思考，但一定要强调"标准"（你是按什么来分的？），只要学生的标准是合理的，都要认同。

最后，讨论"把归类好的物品放在房间的哪个位置比较合适？"，让学生体会分类的生活意义，如果有同学想"把书放在床上"，教师要及时让学生明白：把书放在床上，只是放在一起，但不能把书与被子归为一类。这样，实现了"数学来源于生活而应用于生活"的目的。

综上所述，学生的生活经验也是影响学生数学学习的重要因素，它能够促进学生的数学学习，但不能忽视的是，它有时也会给数学学习造成干扰。

讨论到这，可以得出这样的结论：学生的"前认知"是学生"怎么想"的源头，"前认知"包括学生已有的知识经验与生活经验。

因此，在数学教学过程中，教师应重视并有效利用学生的知识经验与生活经验，分析研究学生究竟是怎么想的，预防"前认知"对"新认知"的干扰与破坏。在此基础上，实现数学到数学、生活到数学的同化，从而提高课堂教学的实效性。

其次，还有哪些因素会影响学生的想法？

到海沧区中山小学听了一节《植树问题》课，让我记忆深刻。

［课件出示：同学们在全长 100 米的小路一边植树，每隔 5 米栽一棵（两端要栽），一共需要栽多少棵？教师特意把"两端要栽"设置成红色，以引起学生注意。］

师：会做吗？写在练习本上。

（学生很快有了答案，纷纷举手。）

生：$100 \div 5 = 20$（棵）。

师：是吗？

生：20 还要乘以 2，$20 \times 2 = 40$（棵）。

师：是这样吗？

［教师通过电脑演示：5 米种 2 棵，两个 5 米种 3 棵……$100 \div 5 = 20$（段），而不是 20 棵，棵数要比段数多 1，因此，20 还要加上 1 等于 21 棵。］

生：老师，不是两端都要种吗？怎么只加 1 呢？

（这时，教师急了：教得这么清楚，怎么还不理解 20 加 1 呢？于是又从头开始耐心地再讲了一遍。）

可我相信，这个学生还是没有弄明白 20 为什么加 1，而不是加 2。

学生究竟是怎么想的？

第一个学生是这样想的：有 100 米，5 米一棵，100 里有 20 个 5 米，那么就有 20 棵。是以前学习除法问题解决的负迁移。

当第一个学生暴露想法后，教师"是吗？"的质疑给学生传递一个信号：这种想法是错的。因此，第二个学生表达了不同的想法。

第二个学生是这样想的：$20 \times 2 = 40$（棵）是因为"两端要栽"，所以要乘以 2。课件中红色的"两端要栽"警示标志的确引起了学生的注意。

教师的又一句"是这样吗？"又使第二个学生的自信心产生动摇。

可惜的是，教师没有想明白学生产生这种想法的源头在哪，按部就班地纠正学生的想法，造成了教师与学生思维的错位。

第三位学生的"两端要栽，要加 2"的想法不可避免地出现了。

在学生的内心世界里，他们的想法是有根据的，不是无中生有的。可教师往往不理解学生"怎么会这么想呢？"当学生的想法与老师的想法产生对立的时候，老师想到的是如何把学生"扭"过来，但"强扭的瓜不甜"，在内心深处，学生没有被老师说服，终有一日，学生的问题还是会暴露出来。

原来，错误的源头在于没有读懂题意，学生只能按照自己的经验作出判断与解答。

解决问题的最为重要的因素有两个：一是理解题意，二是寻找数量间的关系。如果学生连题目意思都没有理解，其他的工作做了再多都没有意义。因此，教师首先应该引导学生理解题意，而不是急着解题。

苏霍姆林斯基说："如果哪个孩子学会画应用题，可以有根据地说，他一定能学会解应用题。"判断一个学生是否理解题意的最佳方法是：学生是否能以图示意。《教育与脑神经科学》一书讲道：以图示意是激发思维和促进学习的有效工具，表现在四个方面：（1）以具体的形态表明抽象的信息；（2）描绘事实与概念之间的关系；（3）将要学的知识与已学的知识相互联系；（4）理顺解决问题的思路。

带着这些思考，我回到学校尝试《植树问题》一课，用以图示意的方法解决案例中学生思维的偏差。

一、我是这样想的

[出示植树问题：四年级同学负责为一条100米的公路一侧植树，每隔5米种一棵（两端都种），一共要准备多少棵树苗？]

师：谁知道？把它写下来。

（学生写好后纷纷举手。）

生：我认为一共要准备20棵，100÷5=20（棵）。

（他的想法得到了大部分同学的认同，这是教师意料之中的。）

生：不对！应该是40棵，因为两端都要种。20乘以2等于40。

生：我认为是22棵，两端都要种，所以20要加上2等于22棵。

生：应该是21棵，要加上第一棵。

（教师将不同的答案写在黑板上。）

二、题意是这样的

师：哇！这么多的想法。回过头来再读一读题目，题目的意思读懂了，思路就更清晰了。

（学生认真地读题，读完后，教师引导学生把题目画出来。）

师：在公路的哪边种？

生：公路的一侧种。

（再用红笔画出公路的一侧，并在这一侧的一端画上一棵树。）

师：第二棵与第一棵之间相隔多少米？

生：相隔5米。

（教师又画上第二棵树。）

师：现在你改变自己的想法了吗？

生：第二种肯定不对，两端不是两侧。

师：还有三种意见，小组同学讨论讨论。

（小组同学讨论开了，有些小组同学争得面红耳赤，有些小组同学开始用画图来说服同伴。）

师：同意第一种意见的请举手，说说你们的理由。

（举手的同学明显比之前少了许多，看来许多同学的想法发生了改变。）

生：5米种1棵，100米里面有20个5米，所以种20棵。

师：还有补充吗？

生：100米里面有20个5米，就有20个间隔，就要种20棵。

师：有道理！支持第三种解法的同学请举手，说说你们的想法。

生：每隔5米种1棵，20个5米种20棵，但开头一棵和最后一棵也要算，所以要加上2棵。

（第三种想法没有得到更多同学的响应。）

生：不对，不对！最后一棵不能再算进去，应该是21棵，不是22棵。

师：支持第四种想法的同学请举手。

（大部分同学举手表示支持第四种想法。）

师：很多同学的想法发生了转变，说说你们的理由。

生：第一个5米其实种了2棵。

师：后面的5米呢？

生：后面的每个5米种1棵。

三、树是怎么种的

师：我们亲自种一种，看看需要20棵、22棵，还是21棵。没有树苗，也没有学具，怎么办呢？用画。开始吧。

（学生画，教师巡视，可能平时比较少画，学生画得小心翼翼，显得不够自信。）

师：一起来画画，在左边端点种 1 棵，一个 5 米再种 1 棵，再一个 5 米，又种 1 棵，第三个 5 米，又种 1 棵……找到感觉了吗？

（学生跟着教师"5 米一棵""5 米一棵"地边说边画。）

生：找到了，应该是 21 棵。

师：再来画一次，一个 5 米种……

生：1 棵。

生：2 棵，是 2 棵。

师：接着，2 个 5 米种……3 个 5 米种……4 个 5 米种……

生：2 个 5 米种 3 棵，3 个 5 米种 4 棵，4 个 5 米种 5 棵……

（学生边说边"种"，朗朗上口。）

师：100 里有几个 5 米？种几棵？

生：100 里有 20 个 5 米，种 21 棵。

（学生越来越有自信地回答。）

师：100 除以 5 等于 20，这"20"是什么？

生：20 个间隔。

师：20 个间隔也叫 20 段。再来观察，1 段种几棵，2 段种……3 段种……

生：1 段种 2 棵，2 段种 3 棵，3 段种……几段就种几加 1 棵。

师：还要不要再种一次？

生：不要了。

师：请把刚才种的有关数据填入表中。

总　长	段　数	棵　数
10 米		
15 米		
20 米		
100 米		

师：填完表格，你发现了什么？

生：棵数比段数多 1。

师：种了三次终于种明白了。我们先用 100 除以 5 算出段数，段数加 1

等于棵数。

（板书：段数加 1 等于棵数。）

生：哎呀！原来是这样。

师：有什么收获？

生：做题时先把题意读懂。

生：画图真有用！

师：解决问题有疑惑时，用画。通过画 5 米、10 米、15 米就可以发现规律，问题就迎刃而解了。

……

帮助学生理解植树问题有两种方式：一是借用直观形象的课件演示帮助学生理解植树问题。二是学生亲自把题意画出来。

课件演示形象直观，画面吸引人，就像看电影，电影是导演拍的，观众直接看，不用太多地思考，因此，看完后容易忘。学生亲自"种"（画）树，是带着问题思考"每隔 5 米种 1 棵，一共要种多少棵？"来理解与掌握植树问题的，不是老师这个导演提供直观形象的画面，而是学生自己画出直观形象的图示发现其中的数学秘密，有切身体会与感悟。

讨论到这，你是否觉得了解学生的想法是多么重要的一项工作？

学生的知识经验、生活经验以及对问题的理解是学生学习新知的基础，会促进和帮助新知学习，也会干扰新知学习。教师了解学生的想法越全面，教学的科学性与针对性就越强，教学效率就越高。

了解学生，不能只盯住新授内容，还应摸清孩子们已经知道什么，他们会出现什么困难，需要什么帮助……

了解学生，有时还要课堂前测，准确把握学生的"前认知"，做到数据准确，从而设计最适合儿童学习的教学方案。

研究 3 ▏学生的想法很简单

朱老师给我讲了一个有趣的故事：回家路上遇上了爷孙俩，爷爷腿长，走得快，孙子落在后面，哭着闹着要爷爷抱，爷爷无奈地返回抱孙子，与朱老师一起走进电梯，电梯里满是爷爷的牢骚——"这孩子太坏了！只知道哭和闹，爷爷年纪这么大，还不体谅爷爷。"

孩子为什么哭和闹，坚决要爷爷抱呢？

其实他的想法很简单！孩子跟不上爷爷，落下了一大截，没有安全感，干脆赖着不走了，用哭和闹才能达到孩子的目的：爷爷抱着他走，才不会被落下。

可是，爷爷真的了解孩子的想法吗？

了解学生的想法，你可能会发现学生的想法与教师的预设有很大的差异，教师总是以自己的标准看待学生，以自己的标准设计课堂，遇到数学问题，我会怎么想，那我就怎么教，上完课后，会觉得问题这么简单，学生怎么一问三不知呢？然后认定，这些学生不好教，甚至怀疑学生的智商。

因此，了解学生，研究学生是多么的重要！在与学生的相处中，你会发现：了解学生的想法，教学就变得简单。

其实，学生的想法很简单！为了证明这一点，我愿意与你分享小时候的真实故事。

小时候的我是一个十足的"坏孩子"，捉弄过代课女教师，至今还记得那位女教师伤心的眼泪；偷过生产队里的西瓜、甘蔗；我的同桌是个女孩，经常被我欺负；学校在村头，由于贪玩，下课时跑到村尾，赶不回来上课，经常被老师罚站；傍晚偷着去游泳，常被老师逮住……

我常常想：我为什么去捉弄代课教师？为什么会偷生产队里的西瓜、甘蔗？为什么会欺负同桌？为什么被老师罚站？……长大后，明白了，其实想法很简单，就是好玩、好奇、想尝试。偷西瓜、甘蔗，就是想知道西瓜、甘蔗是什么味道；捉弄老师，就是想知道老师有什么反应；偷着去游泳，想去冒险……没有什么别的一丝邪念。

由于贪玩，我付出了"代价"，小学升初中的考试成绩只得了76分，是语文加上数学的总分，其中数学只有25分。考完后，感到从没有过的害怕，担心以后没书读了。快开学的前一天，心急如焚的我终于等来了意想不到的录取通知书。

我真是个坏人吗？不是。随着年龄的增长，我慢慢明白，什么事情可以做，什么事情不应该做。上初中两个月后，半期考成绩出来了，我的各科总成绩从入学时的全班第五十二名上升到第四位；又过了两个月，期末考试成绩上升到第一位。班主任老师认定我是个"天才"。

我从个人的经历中明白了一个道理：每个孩子都会犯错，人往往是在犯错中成长与成熟起来的，这是一条铁律。我很庆幸把错误犯在未成年阶段，而在成年阶段少犯错甚至不犯错。因此，不要把犯错的孩子看成是坏人。

教过我的老师很多，他们的教学技能绝对比不过现在的老师，让我庆幸的是，他们的教育是环保的，我也就没有受到什么污染。

他们对我的教育就是两个字：宽容。

如果老师把我看作坏人，天天用异样的眼光对待我，也许我真的变成坏人了。非常值得庆幸的是，老师没有把我看成坏人，而是给我"爱"的教育，老师的爱给了我学习的动力。人一旦有了学习的动力，进步的潜力是巨大的。

当时，我是一个走读生，每天来回要走四五公里的路上学。有一次，大水把我上学必经的一座木桥冲毁了，中午回不了家吃饭，只好饿着肚子，至今也不知道当时的数学老师李老师是怎么找到我的，他把我拉到他的房间，给我煮了一碗米粉。我是含着眼泪吃完这碗米粉的。就是这碗米粉，让我开始喜欢上了数学课，原因很简单，我开始喜欢上教数学的李老师。

我在想：学生爱一门学科，往往是从爱这门学科的任教老师开始的。或许可以这样说：学生对学习的爱，对老师的爱，源于老师对学生的爱。

那么，教师对付"坏"孩子的最简单的办法其实就是——爱。

学生做"坏事"，行为背后是想法，学生的想法简单而直接：好奇、贪玩、想尝试。因此，做"坏事"的人不等于是坏人。

既然学生有好奇心，数学老师就想办法让学生对数学存有强烈的好奇心和求知欲；学生贪玩，就想办法组织学生玩数学，在玩中学；学生好动，就组织学生动手操作与探究；学生想尝试，为什么不让学生大胆地尝试解决问题呢？

做"坏事"、当坏人，往往是因为没事做，老师要引导学生成为数学学习的忙人，让学生动起来，玩起来，忙起来，学习效率就提高了。

没事做的闲人有两类：一类是学困生，他们进入不了数学世界，而游离于课堂学习内容之外。第二类是学优生，他们过于自信，进而变得自负，对新授知识不屑一顾，简单一点说，就是每天的新知对于这几大"金刚"来说，没有什么挑战，没有什么意思。

这两类学生比较有可能在课堂上做"坏事"，要想办法让他们忙起来。

老师们研究学困生比较多，对学困生的关爱也比较多，因此，下面选择呈现的是"学优生"课堂学习境况的一个案例。

人教版三年级下册《口算乘法》一课，整十数乘整百整十数的口算对于学困生来说不会太难，而对学优生来说简直是"小菜一碟"。

出示 $300×10$，板书还没完，几个"金刚"就大声地喊："3000。"其他学生只是听众。

"你是怎么算的？"老师请李萌回答。

"300 乘 10，只要在 300 后面加一个 0，就等于 3000。"李萌显得很自信。

"那 $300×100$ 呢？"老师在乘数 10 后面加了一个 0。

"那就在 300 后面加两个 0，等于 30000。"李萌更加得意。

出示 $300×30$，李萌更来劲了。

"$3×3=9$，在 9 的后面加三个 0，得 9000。"

"你怎么知道加三个 0，而不是两个 0 或是四个 0？"

"就看 300 与 30 后面一共有几个 0，就加几个 0。"李萌俨然成了一名老师。

一节课的两道例题，被李萌的几句话就讲完了，学生只要按李萌的方法做，这节课不就完成任务了？不能让他太嚣张了。

"你怎么知道 $300×10$ 就在 300 的后面加上一个 0 等于 3000 呢？"老师指着算式问。

"我爸爸教我的。"

"加一个 0 和几个 0 很简单，但同学们还是不理解为什么会等于 3000，你有办法说服他们吗？"

李萌一下被问住了，挠着头无计可施。其他几个"学优生"的表情也发生了变化。

"看来这个问题很重要，咱们分小组讨论，把你的想法与大家分享。"

各小组汇报开始了。

"我们是这样想的，$300×9=2700$，再加 300 等于 3000，3000 比 300 多

了一个 0。"

"有道理！"

"我们组是这样想的，$300 \times 5 = 1500$，乘以 10 就是两个 1500，1500 加上 1500 等于 3000。"

"还可以这样算，$300 \times 10 = 300 \times 5 \times 2 = 1500 \times 2 = 3000$。"

……

起来发言的基本都是"学优生"，这时的他们真正成为了课堂中的老师。

"我们用好几种方法证明了 300×10 等于 3000，3000 比 300 多了一个 0，是不是所有的整十整百数乘法，都是看乘数一共有几个 0，就在后面加上几个 0 呢？"

"那我们再试几道题，就知道了。"

……

如果只限于"怎么算？"，那么按李萌的方法即可，但这一节课给学优生的是什么呢？

学优生先知其然，而未必知其所以然，教师提出"为什么"，对学优生是一种挑战，激活了他们的思维，使他们参与其中，不仅使学优生得到了提高，还让学优生成为课堂中的老师，帮助中等生与学困生理解与掌握整十数乘法的口算，课堂的价值自然而然地放大。

课堂教学中，学生做"坏事"的背后是觉得数学没意思。学困生缺乏学得会的基础，学习新知就像读"天书"，变成闲人；学优生面对简单易懂的数学知识，觉得无聊，成为闲人。

还有一种教学方式会让绝大多数的学生变成闲人，就是无视学生的想法与感受，教师我行我素，学生被动接受的课堂。

相反，教师从学生的想法出发，引导学生自我尝试、自我探究、自我发现、自我创造的课堂，让每位学生都动起来的课堂，又会产生什么样的效果呢？

《长方形面积计算》让我深受启发。

小时候学习《长方形面积计算》，老师告诉我们：长方形面积 = 长 × 宽。要求长方形的面积，就要找到长是多少，宽是多少，用长 × 宽就求出面积了。

一直以来，不明白长方形的面积为什么等于长乘以宽，长度乘以长度怎么会等于面积呢？长大后，成为数学老师，教学生长方形面积的时候，我才明白了其中的道理。

原来，长是多少，一排就有多少个单位的面积，宽是多少，就是有多少排，因此，一排的面积数 × 排数 = 总面积。

我相信，如果按小时候的老师这样教学生，学生也会有我一样的困惑，我得改变。怎样让三年级学生明白这样的道理呢？我得先了解学生是怎么想的。

我找了几个学生，给每人一个长方形纸片，了解他们到底用什么方法求长方形的面积。原来，学生的想法再简单不过了：用1平方厘米的小方块摆，看能摆几个，就是几平方厘米。

学生的方法如此简单，又为什么要学习面积的计算呢？哦！当用小方块摆大一些或更大一些的长方形时，就不太方便，甚至无法操作，需要用更加便捷、更加科学简单的方法来解决问题，面积计算方法就成为学习的内容了。

在学习长方形面积计算前，学生测量面积的方法是用一个单位（1平方厘米、1平方分米、1平方米等）去量的"土"办法，这个"土"办法正是学习面积计算的最为重要的资源和基础，也是教学的起点。

那么，设计什么样的活动最适合儿童的认知呢？那就从简单的方法（摆方块）入手，让学生体验摆的不简单，激发寻找更简单的方法的欲望，从而发现新的更简单的方法。

课前，布置学生准备四个分别是 2×3、4×3、5×4、8×6 的长方形（单位厘米）和 12 个面积是 1 平方厘米的小方块。

课中，让学生分别用小方块量出各个长方形的面积，量的长方形越大，难度就越大，在排除困难、解决问题的过程中发现长方形面积背后的"真相"。

第一次量 2×3 的长方形面积，虽然小方块摆起来麻烦，但学生还是较快地量出了第一个长方形的面积是 6 平方厘米，还知道长是 3 厘米，宽是 2 厘米。

第二次量 4×3 的长方形，需要 12 个小方块，由于小方块会移动，摆起来很慢，在老师的鼓励下，同学们耐着性子量出长方形的面积是 12 平方厘米，长是 4 厘米，宽是 3 厘米。

这时，学生发现：这两个长方形的面积等于长乘宽。

第三次量 5×4 的长方形面积，需要 20 个小方块，每个学生准备的 12 个显然不够，操作中，有些开始两个人合作摆，但更多的学生只摆一排和一列，就知道了面积、长和宽。他们发现这个长方形的面积还等于长乘宽。

第四次量 8×6 的长方形，沿着长边和宽边摆一排和一列，准备的小方块也不够，大部分学生不摆了，却拿出尺子量长边与宽边的长度，从而计算出长方形的面积。

皮亚杰说："思维从动作开始，切断了动作和思维之间的联系，思维就不能得到发展。"教师选择的正是这个"土"办法，由小到大用 1 平方厘米的小方块量四个长方形的面积。

在测量四个长方形面积的过程中，学生从全部摆开始，接着选择部分摆，最后发现一个都不摆也能知道长方形面积，而每一次摆都有新的意图、新的发现、新的感悟。正因为用一个一个的小方块摆和量，测量大一些长方形的小方块不够，给用"摆"这个测量方法制造了麻烦，才能让学生充分体验计算的重要性，数学学习的价值感油然而生。

哦！授人以鱼，不如授人以渔；授人以渔，不如授人以渔场；教知识，不如教方法；教方法，不如设计好一个数学活动，让学生在活动中自悟方法。

讨论完毕，问题一"学生是怎么想的"分为三个子问题进行研究。这三个子问题的研究有交叉，但也各有侧重。

研究 1 侧重于说明学生是有想法的，学生的想法需要得到教师的尊重；研究 2 侧重于分析学生的想法，寻找学生想法的源头，利用学生已有的经验帮助学生自学自悟；研究 3 侧重于说明学生的想法其实很简单，从学生的想法开始展开教学活动，教学就变得简单有效。

问渠那得清如许？为有源头活水来。暴露学生的想法，了解学生的想法，研究学生的想法，尊重和利用学生的想法，教师的教与学生的学才会站在同一起跑线上，共同努力往前跑，共同想办法排除前进中的障碍，解决前进中出现的问题，帮助学生从原始思维走向数学思维，从而提高学生的思维能力与创新能力。

因此，教师应先研究"怎么想""怎么学"，再研究"怎么教"，才能做到以学定教。

问题二
学生是怎么学的

以学定教，就是根据学生的学制订教的方案，那么，制订教学方案前须先了解学生会不会学，他们会怎么学，他们需要什么帮助。

在问题一的讨论中，我们知道：学生是有想法的，学生的认知世界与成年人有很大的差异，如果教师不了解学生是怎么想的，怎么做的，很容易产生主观上的盲区，高估或低估学生的学习能力与学习方式，使教学走入困境。

既然学生是有想法的，学生的想法体现在行动中，他们是怎么学的？怎么做的？教师都要深入地研究。知道学生怎么学，怎么做，教师的教才更加有针对性和有效性。

因此，我们有必要讨论学生基于想法的学与做，"学生是怎么学的"成为本编的第二个问题。

下面，我们就从以下三个方面深入研究这个问题。

研究 1 学生是会学习的

下班回家，看到保安室里围着几个老师看监控录像，才知道一位家长因为迟到学校，没接上孩子，大家帮着找。

我推想有两种可能：一种可能是到同学家了；另一种可能就是自己走路

回家了。

第一种可能很快被排除了，班主任给每一位学生都挂电话核实过。可家长绝不相信第二种可能，孩子每天都是坐车上学放学，家离学校较远，哪认得路。

我劝家长回家看看，可家长死活不愿意，情绪还有点激动。

高老师主动开车，好不容易把家长劝上车，去看看孩子是否回到家。不一会儿，车回来了，高老师报告说孩子已经到家门口等钥匙开门。

家长一脸茫然：这孩子，怎么可能自己回家呢？

家长想不到孩子自己能走远路找回家，如果是老师，可能也不相信学生自己能学会。

如果学生是会学习的，那么许多内容并不需要教师的传授与讲解，教师的教就可以省力又提高效率，学生会的，教师不教，学生能合作完成的，教师不包办代替，学生有困难的，教师才有必要提供帮助。

这样，教师教的量就明显减少了，工作负担就减轻了，更重要的是，学生有了更多学的时间与机会，教师就能从教知识，走向教学生如何学知识。

那么，学生到底会不会学习？下面的一个真实故事会告诉你答案。

每年一年级新生报到的第一堂课把老师忙坏了。

学校出动几十个老师和高年级学生高举班牌，三步一岗，五步一哨，指引一拨又一拨的新生到本班教室。然后，班主任对学生进行常识或常规教育。

每年新生报到，学校大厅总是热闹非凡，人声鼎沸，有家长、老师、志愿服务的学生，大家都觉得很忙、很累。

为什么要出动那么多的老师和学生帮助新生来校报到呢？你知道的。

一切为了孩子，为了让孩子能顺利地找到自己的教室，成本再高，也值！

2014年的新生增加了一倍，学校老师在研究怎么样做好新生入学报到工作，如果按往年的做法，学校门口和大厅肯定会被挤爆，动用的老师和学生也要增加一倍。

唉，如果孩子自己能找到自己的班级，该多好呀！

是啊！学生能不能自己找到班级？老师以往从来没认真想过这个问题，

如果想过，也认定学生自己是不能找到自己的教室的，因为他们还小。

这就是我们成年人的思维。

如果学生能找到自己的教室，为什么不让学生自己找呢？非得动用那么多老师和学生牵着他们走进教室，难怪第二天上学，没有老师和高年级学生牵的时候，许多学生就找不到教室了。

数学教材每个年级都有"确定位置"的内容，这不就是一个活生生的教材吗？

让学生自己找教室，值得一试。

为此，学部作了小改革，在校门口贴了一幅醒目的标语：让孩子自己找教室。摆了几张校园教室分布图，允许家长给孩子指路，但家长不进校园；安排几个高年级的"志愿者"站在几个关键岗位，供"迷路"的孩子问路，以确保安全；班主任在教室门口欢迎学生。

学生真的能"确定位置"，找到自己的教室吗？

8月31日下午，只见家长很是着急，生怕自己的孩子会"迷路"：

"孩子，别怕，进校门往右走，找到A幢楼第二个教室……"

"进校门往右走，找到一年级六班教室，找不到的话，问披彩带的大哥哥大姐姐。"

……

有些家长教孩子学看教室分布图，鼓励孩子勇敢尝试。

个别爷爷奶奶心疼"小宝贝"，强烈要求老师允许其进入校园，亲自送"小宝贝"到教室才放心。为了教育活动的落实，值班老师悄悄跟爷爷奶奶说："相信孩子，让他自己找教室，我会悄悄跟在孩子后面，看他进教室。"

孩子们兴高采烈，背着小书包，一溜小跑进学校，与家长的心态形成强烈反差。

大厅里没有往日的拥挤，孩子们分散在各个地方，去寻找自己的教室，一会儿工夫，学部主任到校门口告之家长：孩子们太棒了！他们全部找到了自己的教室。

家长们紧张的心情放松下来，露出了别样的笑脸。

新生报到的结果是一样的，学生都找到了自己的教室，但过程却不一样，以往的报到动用了许多老师与老生把一个个学生领到教室，而这一次是学生根据图、问路自己找到教室。

不同的过程，不同的想法。前一种做法是认定孩子找不到教室，后一种做法是相信孩子能找到教室。

事实摆在眼前：孩子真的能"确定位置"，找到自己的教室。

在孩子从娘胎里呱呱落地之时，就开始学习了，学生天生会学习，这点你不用去怀疑。

当你认定学生是会学习的时，你是鼓励他们自己学，还是……

当学生突破"先教后学""边教边学"的传统学习方式主动自学时，你是支持与鼓励，还是……

小路"偷"做作业的故事，会给我们许多的启发。

2000 年，我发现了一个"偷"做作业的学生。

下课了，我收拾教学用具准备回办公室，"老师，老师，他'偷'做作业"，一个学生在后面手举着一本练习册追着喊，另一个同学则追着要抢回练习册。

我停下脚步问："珊珊，谁'偷'做作业？"

"小路把整本练习册都做完了。"珊珊为发现"偷"做作业的同学而得意。

小路站住了，显得很紧张。

我把小路的练习册翻了翻，果然把整本都做完了。平时作业都是上完课再做，小路怎么把后面的作业都做完了？没有上课，他怎么会做呢？我很是好奇。

"谁叫你做的？"

"我自己。"

"后面知识还没学呢，你会做？"

"我觉得后面的作业很多都会做，遇到几题不会的，看看书就会了。"小路显得很忐忑，准备接受我的批评。

看了几道题，果真都做对了。

"明天开始，你也来当老师，教教其他同学，好吗？"我得抓住这个教育的机会。

第二天，我宣布："小路把后面的作业都做完了，往后他的作业任务是把没有做对的想明白，更正好。如果你们想把后面的作业提前做，老师完全赞成。学会的同学有资格当老师，教还没学会的。"

同学们感到很是意外："真的可以先做吗？"

"真的，一点都不假！"我肯定地回答。

"做错了怎么办？"

"没关系，上课弄明白了，改过来不就行了。"

我在观察，班上到底有多少学生会先做后面的作业，并给机会让他们当回老师，让同学们讲自己的思考过程。

班上越来越多的学生尝试着先做后面的作业，这是我没想到的。

苏霍姆林斯基说："在人的心灵深处，都有一种根深蒂固的需要，这就是希望自己是一个发现者、探索者。在儿童的精神世界里，这种需要特别强烈。"教师为什么不能满足学生的强烈愿望呢？

苏联著名心理学家维果茨基的一句话让我豁然开朗：儿童能够独立达成的水准与经过教师和伙伴的帮助能够达成的水准之间的落差，叫作"最近发展区"。儿童能够独立达成的水准应该是现在发展区。透过这句话，可以把学生的发展区再细分为三个层面：一是学生能独立完成的智力任务；二是通过学生之间的互助能完成的学习任务；三是学生独立或合作都无法完成的学习任务。

至少前两个层面是可以由学生自主完成的，教师需要提供帮助的是第三个层面的任务。如果前两个层面的任务都由教师包办，不仅扼杀了学生成为发现者、探索者的强烈愿望，而且这种不劳而获的方式培养不了学生解决问题的能力，就像荷兰数学教育家弗赖登塔尔说的："泄漏一个可以由学生自己发现的秘密，那是'坏'的教学方法，甚至是罪恶。"

如果你承认学生是会学习的，那么就要给学生更大的自主学习的空间，让学生学会根据自己的情况自主选择"我要怎样学"。

下面以学生做作业为例，谈谈如何给学生自主选择学习的权利。

布置作业当然是为了巩固课堂内所学的知识，完成作业对于学生来说是一项学习任务，《小学生守则》有一条："认真完成老师布置的作业。"通常老师为了操作方便，给学生布置同样的作业，同样的作业意味着难易程度一样、数量也一样，却对不同的学生产生的影响不同，甚至有些是负面的。

对于基础好、学习能力强的学生，做课外作业相当于重复课堂练习，不断地操练，感觉心累。学困生往往进不了知识的大门，课堂上学不会，也不用指望他们能做课外作业了，不会做但又要交"差"，于是就想着法子混，也感觉心累，老师们往往归罪于这类学生懒惰。

从心理学的角度分析，这两类学生也许慢慢地就对学科学习失去了兴趣，学优生为什么能优，支撑他们的不一定是兴趣，而是要考上一所重点中学或重点大学，一旦目标实现，可能也就把这门学科扔了。

如何改变这种现状？让学生拥有作业的选择权。但学生一旦获得作业的选择权，自己决定作业是做还是不做，学习成绩是否会下降呢？

答案正好相反，有例为证。

初接四年级一班数学教学，我在第一堂课就宣布了几项"法规"，其中一项，可能你想不到：上学期成绩得"优"的学生可以不做家庭作业，本学期第一单元成绩得"优"的学生，可以不做第二单元家庭作业，以此类推，但是哪个单元没得"优"，就得补上作业。

第一单元有4位学生具备自主选择做作业的资格，翰林、文彬和景威在列。单元考试中，全班有25人获得"优"，取得选择作业的权利，翰林与景威也获得了"优"，而文彬却得了个"良"。这是我意料之中的结果，因为他们三人的一举一动都逃不过我的双眼：翰林与景威上课非常认真，翰林还选择每天按时完成家庭作业，而文彬却表现得自信满满，甚至有些傲气十足。

文彬失去了作业的选择权，还要把第一单元的作业给补回来。

过了两周，第二单元的成绩又出来了，全班有27位学生获得了第三单元作业的选择权。第一单元获得"优"的学生有些失去了作业的选择权，而有些成绩为"良"的学生反而取得了选择权，文彬就是其中的一位，翰林与景威继续保住了这个权利。翰林继续做了他的作业，而景威的作业本还是一片空白。

我逐个地找了三个同学了解两个单元的学习情况。

文彬说："还是要做点家庭作业，我才能保住'优'。"我对他说："提高上课效率，完成好课堂上的作业，家庭作业不做，成绩得'优'是没有问题的。"

翰林说："戴老师，您布置的作业少，我每天只要10分钟左右就能完成，不做家庭作业，我怕得不到'优'。"

景威神秘地告诉我："戴老师，其实我做了其他的作业，比您布置的作业更难，不要告诉其他人。"

原来，每个人都在较劲。要不，获得作业选择权的学生怎么从4人增加到27人呢？一些中等生也在争取不做家庭作业的资格。

随着时间的推移，新的问题又出现了：学得最辛苦的是那几个"贫困生"，学困生平时作业成绩不合格，争取合格都会有困难，更不用说争取"优"的成绩，因此他们很难取得不做家庭作业的资格，他们的学习状态没有发生改变。

怎么让班上的几个学困生也有机会取得不做家庭作业的资格？

我修改了原定的"法规"：每天的课堂作业能得"优"的同学可以不做家庭作业，而这几个成绩不合格的学生，只要当天的作业能达到"合格"，就可以免做家庭作业。

第一天就有15个学生取得了不做家庭作业的资格。

第二天有12个学生取得了不做家庭作业的资格。

第三天有18个学生取得了不做家庭作业的资格。

第四天有24个学生取得了不做家庭作业的资格。

……

上交的家庭作业越来越少，我也很乐意看到这一结果，改作业的负担减轻了不少。

制定"法规"的本意有几个：一是减轻学生不必要的学业负担，只要达到要求就可以免做家庭作业，作业量少了，我批改作业的负担也减轻了，最理想的是每天一本作业都没有。二是培养学生课堂学习的效率意识，激发学生课堂学习的积极性与主动性，学生的课堂作业要达到"不做家庭作业"的要求，必须提高作业前的课堂学习效率，做到自学自律，从而提高整个班的学习水平。三是唤起学困生的学习潜力，教师对学困生的课堂关注，要达到预想的效果，需要这些学生的配合，形成师生"学习共同体"。

目标的达成出乎意料：全班每一个学生做的作业不是减少，而是增加。学生争取不做家庭作业的资格，担心自己的资格被取消，悄悄地给自己布置作业，有些学生坚持提前自学，他们要保住"荣誉"，而非作业的多少。学困生慢慢地脱掉了"学困"的帽子，每节课的课堂作业其实就是一次"小考试"，每次作业都能达到合格，大考要达到合格以上就不成问题了。

相信学生是能学习的，给予学生更多学习的自主权和选择权，数学教学的效益有无限的可能。

研究 2 学生是怎么学的

学生是有想法的，教师应该尊重学生的想法；学生是能学习的，教师应该给学生提供学习的机会与选择的权利。学生拥有了学习的机会与选择的权利，需要得到教师科学的指导与帮助，学生的学习才会更加有效；而教师的指导与帮助是否有效，取决于教师对学生的年龄特点、认知特点的了解程度和制定的教学策略合适与否。

在第一个问题的研究中，我们知道：学生的想法源于学生已有的知识经验与生活经验以及对问题的理解，那么，学生基于"前认知"的学习又有什么规律可循？我们应该采取什么有效的策略来提高教学的质量？

因此，有必要进一步研究"学生是怎么学的"。

学生怎么学，是有规律可循的。

第一，孩子贪玩的本性，决定学生总是凭着兴趣而学，他们喜欢玩中学。

我们首先从一年级上册《图形的认识》一课谈起。

听了许多次《图形的认识》，上课老师一般会给学生提供许多实物图形，如长方体牙膏盒、皮球、羽毛球筒、魔方等，帮助学生认识各种立体图形。令人沮丧的是，学生一碰到学具就玩个不停，无论老师怎么发出"停"或"时间到"的指令都无动于衷，严重影响了上课的进程。

不能一味责怪学生不守纪律，贪玩是孩子的天性，学生总是凭着自己的兴趣学习，公开教学有别于常态教学，精心准备的学具唤起了学生贪玩的本性，给组织教学带来了困难。

如果常态课堂也有丰富的学具，公开课会出现"乱"的局面吗？如果教师设计"玩"的活动，让学生在"玩"中认识图形，课堂又会有什么变化呢？

文珍老师也上了一堂《图形的认识》公开课，我很担心，课堂教学会不会由于学具的使用出现玩个不停的现象。令我惊奇的是，上面所说的情况

没有发生，课堂秩序井然，课堂效率高，得到了教研员和与会老师的高度
赞赏。

为什么呢？看了课堂实录，也许你会明白其中的奥妙。

一、自由玩

课前，老师提供给每个学生一个学具袋，学具袋里装有各种不同的立体
实物图形，学生自由玩。

二、分类玩

根据形状给盒子里的物体分分类。

有些同学按"方的"和"圆的"把长方体和正方体归为一类，圆柱与
球归为一类。教师引导学生把同一类里的物体再分为两类。通过比较同类
图形，分为四类：根据形状不同，把"长长方方"的叫长方体，"正正方方"
的叫正方体，"圆圆的柱状"的叫圆柱，还有球。有些同学把长方体、正方体、
圆柱、球各归为一类。

三、游戏玩

1. 老师说，学生找。老师说一个图形名称，学生很快找到相应的实物图形。

2. 老师说，学生摸。老师说一个图形名称，学生很快摸出相应的实物图形，
并交流。

3. 学生说，学生摸。同组学生一个说，另一个摸，然后交换角色，互相评价。

四、动手做，连一连

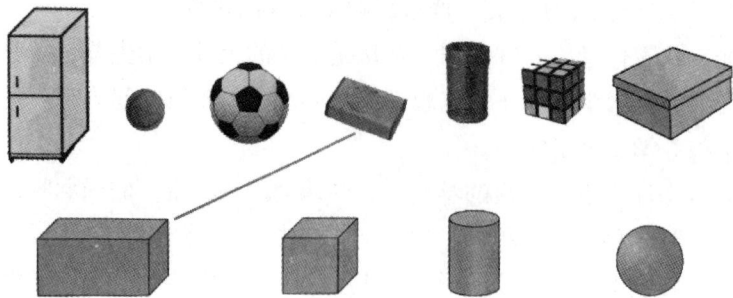

教师当堂批改。

五、动手搭

用今天认识的图形搭出一辆汽车、飞船、房子……

讨论：汽车的轮子为什么用圆柱、球，而车身用长方体或正方体？

这节课的主要教学方式就是"玩"（动手操作与游戏活动），一节课 40 分钟，有 30 分钟的时间是给学生玩（操作）的，而且上课前就让学生充分地玩。

也许让学生不"贪玩"的最好方式就是让学生玩。小时候过年，家长准备了许多年货，为了防止孩子偷吃，把年货装在箩筐里，用绳子挂在房梁上，可是这样也难不住孩子，孩子们用竹竿捅开一个洞，肉就往下掉。现在的孩子衣食无忧，父母亲想尽办法引诱孩子吃，孩子就是不买账，这时的孩子需要什么呢？

这又让我想起了马斯洛的"需求层次理论"，当学生没有玩具玩的时候，一旦看到了玩具就想玩。当满足了学生第一层次需求时，教学进入了第二层次的"玩"——分分类，通过第二层次的玩，学生认识了长方体、正方体、圆柱和球等。为了求证学生是否真正能辨认各种不同的图形，教学又进入了第三层次的"玩"——找和摸，老师说学生找、老师说学生摸、学生说学生摸等游戏把学习引向深入。最后，第四层次的"玩"——搭一搭，讨论"汽车的轮子为什么用圆柱、球，而车身用长方体或正方体？"，让学生的思维更有张力。

原来，解决学生会"乱"这一难题的最好方法是让学生"玩"，玩出数学味。

儿童总是凭着自己的兴趣爱好学习，他们需要老师提供的数学能激起强烈的好奇心与求知欲；儿童好玩，容易影响课堂学习，但教师能利用学生好玩的特点，创造条件，让学生在玩中学，能起到事半功倍的效果。

贪玩是儿童的天性，智慧教师总是想办法吸引学生"玩"他们所任教的学科，比如设计"24 点游戏""数独游戏"、魔方、猜谜等学生喜欢的活动学习数学知识。

第二，当学生遇上数学问题时，总是会根据自己的理解与认知，按自己的方式解决问题。

我们以相遇问题为例。相遇问题的基本模型是这样的：两个人（车或船）同时向相反方向移动，解决路程、速度与时间的关系问题。一旦条件发生变化，学生是如何思考和解决问题的呢？

题目是：A、B两地相距40千米，客车在A地，货车在B地，两车同时往淘气家所在的城市开出，如果货车每小时行驶45千米，客车每小时行驶55千米，几时后客车能追上货车？

当然，许多学生的做法符合老师的意愿，找到等量关系：客车行驶的路程－货车行驶的路程＝40千米，然后列出方程解答。这部分学生对方程的觉悟比较高。

然而，由于方程来得比较迟，受"算术方法"的思维定势的影响，有些学生用自己的办法解决问题。

学生的做法让你想不到，他们是怎样做的呢？

"你们是怎么想的？"我很好奇。

"我们是追着想的。"

"什么叫追着想的？"

"一个小时一个小时地算，算到4个小时，客车走了180千米，货车走了220千米，刚好追上了。"

"为什么这个时候就算追上了？"

"货车要多走40千米，4个小时刚好多走了40千米。"

哦，原来是这样！

如果是新授课，我们会给时间让学生这样想吗？

可能不会，老师会从自己的思维开始，让学生找等量关系，然后列方程解答。

老师"先入为主"的教学思路使学生不明白为什么4小时就能"追上"，因为老师没有从学生的思维"源头"开始。

如果从学生的思维"源头"开始，你就会这样引导学生。

"是呀！要能追上客车，货车在相同的时间内多走40千米，也就是货车的路程减去客车的路程要等于 40 千米，如果大于 40 千米，会出现什么情况呢？"

"货车超过客车了。"

"那这道题还可以怎么做，可以简便一些？"

"货车要比客车多走 40 千米，每小时多走 10 千米，40 除以 10 等于 4，需要 4 小时。"

"也可以用方程，设需要 x 小时，那么 $55x-45x=40$，解方程 $x=4$。"

三种解题策略都能找到正确答案，但从学生的原始想法开始，创造出新的方法，学生的原始想法一旦介入其中，就有了比较，有了新的感悟，这种新的感悟更加深入人心。

儿童总是有自己的方法解决数学问题，智慧教师总是千方百计地借助学生的想法，从学生的方法开始，发挥学生的方法的教学价值，提高学生的思维力与创造力。

第三，学生总是希望按自己的方法学习，但又迫于教师的权威服从安排。

学生做作业很能说明这一点。

做作业是学生学习数学的一个必要环节，它最能看出学生的学习状况。教师布置作业，学生完成教师布置的作业，然后把作业交给教师批改，学生更正作业中的错题，以此巩固数学知识，提高数学水平。这被老师、学生和家长看作是天经地义的一件事。可学生真的是在做作业吗？

下面的案例，令我改变了对学生"做"作业的看法。

每年暑假，学校都要参加北师大组织的国际夏令营活动，芊芊有幸进入夏令营去了趟英国，回来后跟同学说："英国的学生不用做作业！"同学们很是羡慕，朱朱立即反驳："什么不要做作业，人家才叫做作业，我们是在写作业。"

朱朱的话引起了我的好奇："什么叫做作业和写作业？"

朱朱说："我们每天的作业主要是写，许多国外学生做的作业是研究性的，他们布置的作业虽然不多，但要花许多功夫，探究、实践、写小论文……所以叫做作业。"

有道理！

为了进一步证实朱朱的话，我作了一番"做作业与写作业"的调查研究。

李君是初三毕业班的一名学生，很快面临中考，成绩不理想，很是着急，与我聊起了作业。

"戴老师，为什么做了那么多的作业，成绩还是不理想呢？"

"你是怎么做作业的？"

"每天就是做老师布置的呗！"

"每天要做多少时间？"

"大概 2 个小时吧。"

"你在班上算是做得快的，还是慢的？"

"我在班上算做得快的。"

"遇上不会做的，怎么办？"

"留在那，明天老师会教。"

……

学生总是相信老师的任务安排，每天都在忠实地执行老师的"命令"。

这就是孩子们做作业的境况：会做的作业，做完一题，接着做下一题，遇上不会做的，留着明天等老师教。那么，原本会做的已经会了，不值得花时间做，不会做的才需要花时间去"钻"，找到解决问题的办法。而作业多了，学生为了能在第二天上课前交上作业，他们会选择怎样做作业呢？

会做的做了，不会做的也没时间思考，完成了作业，就往书包里一放，赶紧洗澡睡觉，第二天上交给老师批改。

这样做作业的效果可想而知，不能提高学生的能力，而是把学生训练成"熟练工"。因此，把这样做作业叫"写作业"，而非"做作业"。

学生都在抱怨作业多，是因为学科多。每一个学科老师都在布置作业，但每一个学科的老师都不知道别的学科有多少作业，大家都通过作业来争夺学生的时间。如果每一科的作业都要认真完成的话，恐怕每天都在影响睡觉的时间，休息时间得不到保证，第二天上课的效率肯定会受到影响。因此，影响身心健康的作业是不能做的，它最终会影响学生的成绩。

怎么做作业才叫"做作业"呢？

女儿读高中时，我统计了她的作业量，如果要认真完成所有老师布置的作业，那么她将晚上不用睡觉。如果晚上做完作业而不睡觉，又如何迎接第二天的学习呢？

我动员她有选择地做作业，就是有些作业不做，有些作业好好做，庆幸的是，各科老师没有为难她，她有了作业的自由选择权。她做的作业比同班同学少了很多，但她的成绩还是班里最好的。

那么，女儿不写的是什么样的作业，而做的又是什么样的作业呢？怎么做呢？

读完题，解题思路清楚，有把握的题不做，相反，思路不清，没有把握的题要好好做。做好有挑战性的题不是容易的事，它需要时间去思考：要解决一个问题，需要具备什么条件？收集条件，需要怎样变通？课堂上讨论的问题与此问题有何关联？需要用上哪些知识点解题？有时还要重新温习所学教材内容，做完题后写反思与心得，总结经验。这样，做的题少了，但真正有收获，做一道题虽然需要较多的时间，但做一题能当十题。

女儿做作业的经验是否值得推广呢？

值得一试！

研究到这，教师需要思考统一的规定是否科学合理，班级里的学生是有差异的，许多规定无法满足不同学生的需求，反而会阻碍一些学生的发展。给一些不合理的规定解"套"，学生的成长会更快更好。

研究 3 学生的学习假象需警惕

领导到单位检查，迎检单位尽力展现自己最好的一面，而尽量规避存在的问题，以求领导的肯定，彰显单位的成绩。那么，单位之外的领导只能凭借短时间里看到的、听到的给予评价，而这样的评价往往不太准确，因为领导并没有身在其中。

道理一样，数学教学中，教师往往从学生的应答和作业的结果判断学生学会没有、理解没有、掌握没有，比如教师问"明白了吗？""还有没有问题？"……学生会回答"明白了""没问题"……有些学生在掩盖自己的问题，尽量表现自己最好的一面，以取得老师的肯定。

教师希望获得学生真实准确的学情，以求教学的有效。为求真相，就应警惕以下三种假象。

假象一：做对了，就会了。

学生作业做对了，就等于学会了吗？未必！

做对了，是作业结果，并不等于学生真的理解了，只有过程才能证实学生的理解是否正确。千万不要忽视这一点，否则条件变了，错误就出现了。

在数学课堂教学中，学生是有想法的，学生的想法有的正确，有些是错误的，也就是说，学生的"前认知"有两类：一类与"新认知"相一致，是"新认知"的生长点；第二类是与"新认知"相冲突，影响"新认知"的实现。

第二种情况容易被教师忽略，而学生往往是根据"前认知"来进行"新认知"的。

这时，教师面临的挑战是，如何改变学生错误的想法，引导学生对"前认知"进行调整与转变，达到思维的一次跨越。

下面这一案例很典型。

在办公室里批改张老师出的一份作业卷，有道计算题引起了我的注意：$8 \div 7 + 9 \div 7 + 4 \div 7$。

几乎所有学生都是这样做的：

$8 \div 7 + 9 \div 7 + 4 \div 7$

$= (8+9+4) \div 7$

$= 21 \div 7$

$= 3$

没有学过的，也能用简便方法算对，我都给了一个大大的"√"。

学生凭什么这样做？高兴之余，我感到好奇。

讲评课上，学生是这样回答的：运用除法分配律简便计算。

哦！学生是这样想的：

$8 \times 7 + 9 \times 7 + 4 \times 7$	$8 \div 7 + 9 \div 7 + 4 \div 7$
$= (8+9+4) \times 7$	$= (8+9+4) \div 7$
$= 21 \times 7$	$= 21 \div 7$
$= 147$	$= 3$

$8 \times 7 + 9 \times 7 + 4 \times 7 = (8+9+4) \times 7$ 是课堂上得到验证的，而 $8 \div 7 + 9 \div 7 + 4 \div 7 = (8+9+4) \div 7$ 能不能成立，学生真理解了吗？我得试探试探。

请大家想想这道题怎么计算：$7 \div 8 + 7 \div 9 + 7 \div 4$。

几乎全班学生都是这样做的：

$7÷8+7÷9+7÷4$

$=7÷（8+9+4）$

$=\dfrac{1}{3}$

哦！果然，学生做对了，不一定真会啊！

看来，有必要与学生进一步探讨教材里没有的"除法分配律"呀！

师：乘法分配律我们已经学过，如 $8×7+9×7+4×7=（8+9+4）×7$。而 $8÷7+9÷7+4÷7$ 凭什么会等于 $（8+9+4）÷7$？谁来证明它们会相等？

生：老师，我们不是做对了吗？

师：做对了，不一定真会！想办法证明给我看，才能让我服气。

同学们面面相觑，没想到老师刨根问底，教室一片寂静。终于有个同学像"哥伦布发现新大陆"一样站了起来。

生：我知道了。

师：真的吗？

生：让我写在黑板上，好吗？

得到我的允许，他走向讲台，边画边说。

生：把8个饼平均分成7份，每一份得1个饼，还乘1个饼先放着；再把9个饼平均分成7份，每份得1个饼，还剩2个饼；最后把4个饼平均分成7份，每份1个饼都分不了，但这4个饼和前面剩下的3个饼合起来就有7个饼了，刚好每一份又可分得1个饼，全部分完，结果每份分得3个饼。

教室里响起了热烈的掌声。又一个学生兴奋地举起了手。

生：我有好办法了！不用那么麻烦。

这位学生没等我同意，就直接走上讲台，在黑板上写下了他的计算过程：

$8÷7+9÷7+4÷7$

$=\dfrac{8}{7}+\dfrac{9}{7}+\dfrac{4}{7}$

$=（8+9+4）÷7$

$=21÷7$

$=3$

哇！教室里响起了更加热烈的掌声，同学们流露出骄傲的眼神。

师：同学们用事实证明了 $8÷7+9÷7+4÷7$ 的确会等于（$8+9+4$）$÷7$，非常厉害！那 $7÷8+7÷9+7÷4=7÷$（$8+9+4$），谁来证明给大家看看？

生：还是用分数算。

学生说，老师板书：

$7÷8+7÷9+7÷4$

$$=\frac{7}{8}+\frac{7}{9}+\frac{7}{4}$$

$$=\frac{63}{72}+\frac{56}{72}+\frac{126}{72}$$

$$=\frac{245}{72}$$

生：哎呀！不会相等。

师：怎么除法分配律在这里不管用了？

教室里又恢复了平静，没有一个人讲话。

师：任何一个数学问题的解决都应该有理有据，用事实说话，否则就存在出错的风险。

学生自以为是的"除法分配律"恰好适用于像"$8÷7+9÷7+4÷7$"的计算题，使之计算正确。当学生的"除法分配律"运用于"$7÷8+7÷9+7÷4$"时，错误就产生了，也就是说，学生的"前认知"的迁移是经不住考验的。

在正确答案的背后是学生的不理解，教师不仅需要关注学生的结果，更要留意学习的过程，重视学生的真理解，警惕正确答案掩盖的假象。

假象二：说对了，理解了。

在学生的心目中，教师是知识的权威，是知道正确答案的人，学生很希望自己的回答能让教师满意。正因为这样，当学生在问题面前没有底气时，会察言观色，看教师的脸色行事，教师在课堂中的态度直接影响学生的学习态度。

《周长》一课有一道练习题，题目是：比一比，下面两个图形的周长相同吗？

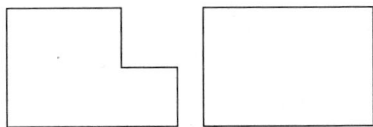

下面是师生对话实录。

师：两个图形的周长相同吗？

生：不相同。

师：为什么不相同？

生：左边图形缺了一个角，右边图形的周长大。

（我知道，学生在比谁的面积大，认为左边的面积小，周长就小。）

师：同意吗？

生：同意！

师：真的是左边的周长小，右边的大吗？

（我的一句反问，影响了学生的判断，有些同学的思想开始动摇，举起了手。）

生：左边图形的周长大，右边的小。

师：同意吗？

生：（支支吾吾地）同意！

师：真的是这样吗？

（我的一句"真的是这样吗？"又让学生回到原来的观点。）

生：应该是左边的小，右边的大。

师：到底是左边的大，还是右边的大呢？

（一句"到底是左边的大，还是右边的大呢？"又让学生重新审视自己的观点。文彬站了起来。）

彬：一样大。

师：怎么可能呢？很明显，左边的小，右边的大嘛。

（我的这句话坚定了学生的判断，无论文彬怎么辩解，同学们都不相信。）

生：对呀！左边图形周长小，右边的大。

……

相信老师们都经历过上面的课堂场景，教师的每一句话都在影响学生的判断。因此，在许多时候，得出了结论，学生认为是对的，源于老师的观点，是否真正理解与内化不得而知。

儿童的判断往往是感性的，数学教学的任务是培养学生数学地理性思考，用数学的知识来证明真理，做一个"真人"，而不是察言观色、唯命是从、阿谀奉承的"假人"。

这时，教育的时机到来了，你应该怎么办呢？

我是这么做的：

师：无论谁的观点，都应该得到尊重，我们给文彬说理的机会。

（文彬走向讲台，指着左边的图形，开始解释。）

彬：左边图形的周长包括六条边的长，把这两条边移到上面和右边，就可以知道两个图形周长一样长了。

生：两条边怎么能移动呢？移动了，图形就变大了。

彬：图形是变大了，但周长没有变呀！仍是这个图形的总长。

（文彬的发言开始动摇同学们原来坚持的观点，为了便于学生理解，我用课件演示了一遍。）

师：怎么样？

生：两个图形周长一样。

师：看来，真理往往掌握在少数人手中。学习数学知识不能只看表面，而要讲数学道理，用所学的知识来证明。

假象三：答案对，才重要。

在数学教学中，学习表现好，回答问题正确的学生，总是会受到老师的表扬，学生也争取课堂表现好而能得到老师的肯定，有些学生为了能够在课堂上有好的表现，就提前预习了课文内容，甚至知道了答案。当学生在课堂上准确地回答老师的问题，老师往往会露出满意的微笑，学生也得到了心理的满足。

可是，老师的有些表扬也会导致意想不到的负面影响，有时会不知不觉地引导学生"做假"。

《圆的周长》一课，就出现了这种情况。

为了探究圆的周长与直径的关系，从而得出圆的周长等于直径乘圆周率，教师往往会要求学生做实验：量出圆的周长和直径，发现圆的周长除以直径的商是一个固定值（圆周率）。有些学生用绳子、尺子等量圆的周长或直径，然后计算出周长除以直径的商。

然而，学生在实验后得出的结果总不是老师所需要的，老师又会作何处理呢？

学生通过测量周长和直径，用周长除以直径的商却是五花八门。

实验的结果是这样的！

生 1：$C \div d \approx 4.13$

生 2：$C \div d \approx 3.25$

生 3：$C \div d \approx 3.10$

生 4：$C \div d \approx 3.02$

生 5：$C \div d \approx 2.98$

……

老师对上面的回答没有回应，心想，学生的答案都不一样，有些学生的答案还特别离谱，甚至对学生的表现流露出不满。

为了博取老师的欢心，提前知道答案的学生大声地回答："我们组测量的结果是：$C \div d \approx 3.14$。"

这就是老师所要的答案！老师的脸色瞬间由阴转晴，露出了满意的笑容，隆重地表扬了学生。

表扬了回答精确的学生，相当于批评了答案不准确的大部分学生。

然而，不准确的答案是学生通过动手操作（测量）取得的真实结果，而回答准确的学生从教材中偷来"成果"，为投师所好给了教师准确的答案。教师的表扬取得了什么效果呢？

所以，通过实验得出的结论有误差是客观存在的，往往是真实的，教师不应该冷眼相对。

那么，教师应该如何引导呢？

当学生汇报的结果不同时，教师应首先引导学生证明周长与直径的商不可能是 4 倍多或 2 倍多，肯定是 3 倍多。如图：

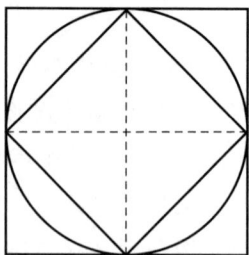

接着，分析误差存在的原因：或许是绳子太粗，或许是绳子绕圆一周操作得不是那么精细，或许是测量绳子长度时不太精确……鼓励学生再一次操作，每一个环节尽量做得到位一些。

告诉学生：这个实验做得再精细，结果也是有误差的。

然后，介绍圆周率的历史，了解古代科学家对圆周率的研究历程，领略与计算圆周率有关的方法，以及圆周率计算的价值，体会科学家科学探究的精神。

第二个问题讨论结束，第二个问题也是分为三个子课题来研究的。

研究1从人的生理角度分析学生是能学习的，教师应充分发挥学生学的潜力，提供学的平台和选择的空间，提高教与学的效益；研究2从人的心理角度分析学生学的特点与规律，教师应充分尊重学生的学习特点与规律，使教学更加科学有效；研究3从学生学习的现状分析教学过程中出现的假象，教师应引导学生足够重视，及时给予干预与纠偏，实现数学学习的真理解、求真知和做真人。

罗杰斯说：教学不是用于从外部控制人的行为，而应该用于创造各种能够促进人的独立自主和自由学习的条件。既然学生是能学习的，就要创造条件，让学生自己去学；学生的学习有其自身的特点与规律，教师就应根据学生学习的特点与规律开展学习活动；教师在学生学习过程中，要及时发现隐藏在学习背后的问题，培养学生求真求实、严谨科学的数学精神。

问题三
学生是怎么成长的

学生是跟谁学的？

跟老师学的，按老师的要求做的。

老师对学生的要求合理吗？这是一个值得研究的问题。

老师规定：学生不准带零食。不准学生带零食，就是怕学生影响校园卫生和课堂秩序，有的甚至作为一项评比扣分内容。

然而，从儿童生理健康的角度看，儿童从早上7点多上学，到中午12点回到家，中间相隔4个多小时，如果最后一节课是体育运动课，在饥饿的状态下运动，可能损害身体，而不是在锻炼身体。从养生的角度看，允许并鼓励学生自带一两个水果到学校是有利于儿童的身体健康的。

老师规定：每天必须戴红领巾。红领巾是少先队员的标志，戴红领巾也成为学校纪律评比的一项内容。

没有人怀疑这项规定是否合理，可能对于冬暖夏凉的地方，每天要求戴红领巾也许不太过分。烈日炎炎的南方，规定每天都戴红领巾，就不人道了，因为炎热的夏天，如果要求老师系领带，老师能做到吗？如果老师都无法做到，怎么能要求学生做到呢？

老师规定：……

可以举出许许多多的例子说明：老师的规定或者做法是令人置疑的，老师对学生的教育许多是值得商榷的。

因此，我们不能就数学论数学，有必要跳出数学，从学科走向育人，认真审视自己的教育措施是否科学合理。

研究 1 学生是在哪里学的

学生在哪里学习？

在学校，在教室，在……

所谓环境造就人，说明环境给人的影响有多大。

教师希望学生有一个好的学习环境，好的学习环境靠教师去营造。教师营造的学习环境，是否有利于学生的健康成长？这是我们要研究的问题。

我们从教师的办公室说起。

在学校，学生喜欢去的地方是哪里？喜欢阅读的学生说"图书馆"，喜欢运动的学生说"操场"……然而，没有几个学生喜欢去老师的办公室。

图书馆、运动场……相对比较自由，老师办公室在学生的概念里，是犯错误的学生被动去的地方，学生打架、作业没交、上课违纪等一般被老师叫到办公室里再教育。因此，老师办公室被认为是学生最不想去的地方。

有例为证。

海就是一个最不想去老师办公室的学生，他有无数次在办公室被教育的经历，慢慢地，只要老师叫他到办公室，他就背起书包从后门溜走。

海经常不做作业，上课也不专心，不给他补课，往后学就越来越困难，必须彻底地改变现状，因此，海越不想到老师办公室，就非要把他留在我的办公室。

怎么办呢？班主任教我一个绝招：要留他，先留他的书包。于是，我用上了班主任的绝招，先把他的书包留住。果然，海乖乖地来到办公室接受我的指导。

让我意想不到的是，半个月的加班并没有收到多少效果，难道海是一个"木头人"，智商有问题？如果是这样，办公室里的辅导确实没有必要。

然而，海的课外表现丝毫不像一个"木头人"，相当的活跃，可为什么对数学显得如此木讷？

又一次用同样的办法把海叫到办公室，我发现，海一走进办公室就变成了一个"木头人"，乖乖地听从我的教导，指导的过程中，他很少与我互动，时不时左顾右盼，神情怪异。

我放下笔，问："现在会了吗？"

海把眼睛收回来说："会了！"

"那给你几道题做做。"我编了几道简单的数学题给他，心想他应该会了。

让我感到愤怒的是，他还是不会做。我想：天底下竟然有这么笨的人！我将铅笔用力一摔："回去吧。"

海被我吓到了，乖乖地收好本子，背着书包离开了办公室。

我想：这是许多数学老师经历过的事情，学生为什么学不会呢？我怎么改变海呢？

在老师与学生的心目中，凡是被老师叫去办公室接受教育的学生，都是有问题的学生，因此，老师的办公室成为学生不爱去的地方。海的"溜走"就有了合理的解释。

在办公室接受再教育的过程中，海左顾右盼，神情怪异，他怀疑办公室的其他老师都用异样的眼光看他，"差生"的身份被公之于众，在办公室这样的环境下无法静心地接受再教育。

因此，对海的再教育需要在一个安全的地方。

再来观察研究学生学习最重要的场所——教室，在教室里，学生会"享受"到什么样的待遇呢？

从小学到高中，班级学生的近视率越来越高，引起了教育领导者的高度关注，课改这么多年来，近视率也没有明显的下降，反而越来越高。

以往人们认为近视率越来越高的原因在于学生的学习负担过重，这也确是原因之一。在我看来，电子设备的更新换代是学生近视率越来越高的主要原因。调查研究发现：看电视对人视力下降的影响是不看电视的三倍，玩电脑对人视力的损害是看电视的三倍，手机上网对人视力的损害又是玩电脑的三倍。

在学校里，我们经常会看到这样的现象：为了提高 PPT 放映的效果，教室里的窗帘紧闭，一片漆黑，教师们在这样的教室里上一节课，可能眼睛疲劳的感觉不太明显，学生们整天都在这样的环境下学习，能保持正常视力几乎是不可能的。

在没有光线的教室里学习，除了对学生的视力的影响外，对学生的心理的影响又会如何呢？

哦！我们都把心思放在如何让学生更快地接受知识上，而忽略了这些先进的技术对学生的负面影响，如果学生的身体和心理受到伤害，是不是得不偿失呢？

信息技术进课堂，提高课堂效率是当下教育发展的趋势，我们是选择信息技术给课堂教学带来的便利，还是保证学生的健康呢？

有没有一种可能，既能让信息技术在课堂上发挥作用，又不影响学生的健康呢？

答案是肯定的。

教室的窗帘要不要拉上，需要拉上几幅窗帘，是值得研究的。站在教室的各个角落观察发现：影响学生观看电视屏幕的，主要是离电视最近的那扇窗进来的光线，拉四扇窗与拉一扇窗的效果是一样的。为此，拉一扇窗既能保证 PPT 播放的效果，又能保证教室的通风和采光。

PPT 的制作也要有严格的规定，字号在 32 号以上，背景浅色，对比度明显，简单明了，不搞花样。不依赖课件上课，控制播放 PPT 教学的时间，不能超过课堂三分之一的时间。

在课堂教学中，我们考虑更多的是在一节课中如何提高教学效率，而忽略了提高教学效率的手段给学生造成的长期的影响。

教师佩戴"小蜜蜂"上课司空见惯，但它会给学生造成什么影响？你会想不到。

发生在我学校的"小蜜蜂事件"，为学校教师上了一堂极其深刻的教育课。

新的学期开始了，使用"小蜜蜂"上课的老师越来越多，引起了我的注意。

"每天对着 40 多位活蹦乱跳的小宝贝，我的嗓子都喊哑了，有了'小蜜蜂'，上课轻松多了！"戴"小蜜蜂"上课的老师说。

是呀！"小蜜蜂"的用途显而易见，提高音量，保护嗓子，让学生能听得更清楚。

"你是用得痛快，我的课堂上，你的声音比我的响，叫我怎么上课？"

隔壁班的老师有意见。

"不好意思，影响了你上课，你也可以戴一个，不就可以解决问题了。"

……

如果每个老师都戴一个"小蜜蜂"上课，学校不就成菜市场了？如果禁止老师戴"小蜜蜂"上课，老师的嗓子吃不消。如果维持原状，自由选择，的确会影响别班上课。

戴"小蜜蜂"上课是弊大于利，还是利大于弊？

带着这一问题，走进一年级教室。整堂课里，"小蜜蜂"显得很强势，无论孩子们怎么吵，怎么闹，都无法"压"过老师的声音。在"小蜜蜂"面前，学生回答问题的声音是那么的渺小，师生互动的声音形成强烈反差，以至于其他学生基本听不清学生的声音，而只听到了老师的声音。

哦！我们只在争论自己上课有多方便，却忽略了学生上课的感受。如果在教室里的每一节课上，学生都要面对"小蜜蜂"，那么，九年下来，对学生会有什么影响呢？

我有了自己的答案：坚决反对教室里的"小蜜蜂"。

如何让老师们取下"小蜜蜂"，还学生"原生态"的课堂环境，成为摆在我面前的一大难题。

老师们使用"小蜜蜂"并非恶意，用强制的办法立马见效，但容易树敌，这种"霸道"做法并不是我的行事风格。

用什么办法能够让老师们自觉自愿地收起"小蜜蜂"？我在思考。

全校教师例会上，学校领导总要就校园里发生的小事件提出问题，让老师们思考。我把这一问题抛了出来，也谈了自己的看法，引起了老师们的关注。

我欣喜地发现，有些老师悄悄地取下了挂在头上的"小蜜蜂"，教室里上课的声音又回归了常态。

然而，还是有几个坚持自己"真理"的老师继续使用"小蜜蜂"上课，我该怎么办呢？

一次数学教研活动给了我改变老师的绝佳时机。承担公开课的李老师恰是一个坚持用"小蜜蜂"上课的老师。在励耘讲坛，五六十位老师听了一节"小蜜蜂"的公开课，领略到了"小蜜蜂"的厉害。

以往在励耘讲坛上公开课，老师们会准备音响设备，以便后面听课的老师能听清楚老师和学生的发言，把几个话筒放在学生课桌上，发言的学生互相传递着使用，但李老师的课没有给学生准备"小蜜蜂"，听课的老师只听到老师"啪啪"的声音，听学生的发言却很吃力。

真所谓"旁观者清"，使用"小蜜蜂"上课的老师津津乐道，听课的学生与老师却很难受。"感谢"李老师的"小蜜蜂"课，让老师们真实地感受到"小蜜蜂"意想不到的负面效应。

小李取下了"小蜜蜂"，校园里的"小蜜蜂"悄悄地消失了……

我感到很欣慰，学校又回到了"自然"的状态，拥有一支不断改变自我的教师团队，学校之幸，学生之幸！老师们放弃"小蜜蜂"，不仅是一个教学行为的改变，更是观念的改变，思想的改变。这种观念、思想的改变源于学生，在每一次改变时，老师们首先会想到学生，从原来注重知识学习，到关注学生的身心健康和生命状态。教师观念、思想的改变影响了学生，促进了学校办学思想的形成。

一场"人本课堂"的讨论因"小蜜蜂"事件而展开。A老师提到：如果每个老师都使用"小蜜蜂"上课，学校会变得怎样？如果学生的每一堂课都听"小蜜蜂"的噪音，又会变得怎样？B老师说：人本课堂应该更多地聆听学生的声音，是不是也要给每一个学生配一个"小蜜蜂"呢？C老师从专业的角度分析：长期在充满噪音的环境里，容易产生烦躁心理，影响孩子们的视觉和听觉，太小的声音听了很吃力，促使每个人都大声地说话。D老师说：教室里如果很吵闹，不是老师的声音太小，而是这堂课不吸引学生，如果用"小蜜蜂"解决问题，只能使教室里吵闹声越来越大……

健康课堂的理念首先丰富了"人本课堂"的内涵，课堂上使用PPT有了更加明确的规定，字体、字号、对比度，甚至拉几幅窗帘都有细则要求；课堂上为什么要有掌声、如何鼓掌，老师们都在不断深入地研究；课堂上如何培养学生的专注心，激发学生的兴趣，成为老师们研究的课题；课堂上重视"怎么教"的同时，更加注重"怎么学"，教学因此从"怎么教"走向"怎么学"……

习近平总书记说"空谈误国，实干兴邦"，素质教育大计还需从学校的每一件小事做起，而做每一件小事当从学生的角度去思考去改变，要经得起教育科学的考验，这样，大计可成也！

作为一名数学老师，需要考虑如何让学生学好数学，做到这一点还不够。如果能够从学生的角度思考问题，关注学生的身体健康和心理健康，那么，你不仅能教书，还会育人，真正是一名教书育人的好老师。

研究 2　学生受谁的影响

谁对学生的影响最为重要？

对学生影响最为重要的是家长与教师，因为家长、教师与学生接触的时间比别人多。

无论是家长或教师，对学生的影响可能是正影响，也可能是负影响。当然，大家都希望给学生的影响是正影响。

当学生的行为背离了你所希望的结果或学生的成绩不好时，我们首先想到的是责怪学生，列出他的各种"罪行"，却不愿意去思考学生行为背后是家长或老师的影响。

你会发现：学生做了什么"坏事"，我们是脱不了干系的。下面案例中的两个问题很具有代表性。

广西某学校教师参访团来到我校参观交流，观看了学校大课间与体锻活动，发现学校给学生运动的时间远远超过了一个小时，感到非常惊讶。问我第一个问题：我们学校尽量缩短学生室外活动的时间，挤出更多的时间给学生在室内学习以提高中考科目成绩；而你们学校尽量给学生留出更多的时间来运动，不怕影响学生的中考成绩吗？

座谈会上，一个老师又提了第二个问题：我每天上数学课都会作好充分的课前准备，但课堂上总是闹哄哄的，我经常把调皮捣蛋的学生叫到办公室，罚抄课文、写检查、讲道理……什么招都用过了，效果只能维持两三天。戴老师，您碰到这种情况，是怎么处理的？

我们一起来分析与研究这两个有密切关联的问题。

第一个问题：增加学生的运动时间，会影响学生的成绩还是能促进与提高学生的成绩？

《教育与脑神经科学》给出的答案是肯定的：运动能增加通过脑部及全身的血液流量，而脑中血量充足对于海马——形成长时记忆的区域——有效地发挥功能尤其重要。运动还能触发脑中释放一种对神经系统最有益的化学物质，叫作"脑源性神经营养素"，有了这种蛋白质，幼小神经元才能得以保持健康，新生神经元才得以顺利成长，脑部的海马区对此反应最敏锐。因此，在学校多开展身体活动可以提高学生的学业成绩。

第二个问题：学生为什么爱在教室里"捣乱"？

如果是我们成年人每天在教室里坐上七八节课，每节课45分钟，受得了吗？如果你的回答是"受不了"，那么，怎能要求未成年人（孩子）受得了呢？我们尽量控制学生"多动"，那么，在室内上课学生自然就会多动，室外"动"了，室内就不想"动"了。因此，老师要给学生充足的时间"动"，课堂学习就能"静"得下来。

当学生厌倦无聊透顶、乏味至极的数学课堂，老师压根没有检讨自己，而归罪于学生不遵守课堂纪律，甚至于认为学生是"坏孩子"时，教师的想法与学生的想法产生对立。思想的对立自然会引发行为的对立。当教师与学生形成对立局面时，老师的教育是不会产生正作用的，相反很有可能会产生负作用。

教师的行为应从儿童的角度思考，一切违反儿童成长规律的教育行为必定会损害学生的身心健康和智力发展。

家长的作用也是一样的，家长教育不当，教师付出再大的努力，效果也会大打折扣。

请看下面的案例。

我班有一个绝顶聪明的学生梵一，上课不听讲，经常不做作业，考试也能考个七八十分。

梵一又是一个懒得出奇的人，班里出了许多足球王子、篮球天才、跳绳冠军……他一动不动，是个跑得最慢、跳得最少的懒虫，懒得让他动笔写个字都难。

他活在自己的世界里，其实他的内心是自卑与孤独的。

不是说"成功来自99%的勤奋和1%的灵感"吗？梵一仅靠1%的灵感活着。我为这样一位绝顶聪明的学生而着急。

我试着用曾经引以为豪的办法改变他，但均以失败告终。我也慢慢对自己没有了自信。

当与梵一的父母交流后，我才发现：许多事情，我不是万能的。

在与梵一父母的交谈中，我收集到造成梵一"懒"的证据。

（1）至今还与奶奶睡同一张床。

（2）早上起床，奶奶帮梵一穿衣，甚至穿袜子。

（3）每天回到家，一屁股坐在沙发上，打开电视，一边按遥控器，一边喊："奶奶，给我削一个水果。"

所有的证据表明：梵一是被奶奶害的。

要让梵一动起来，首要的是脱"奶"，要脱"奶"，父母与奶奶需要改变。

第二天的数学课，梵一睡着了，我也没惊扰他，知道他开始脱"奶"，昨天一晚没睡。

过了几天，我收集到梵一改变的一个证据：梵一把前面欠下的作业补齐了。我赶紧把这个证据提供给了他的父母和奶奶。

相信梵一从此会变得越来越强大。

梵一的故事让我明白：家庭对孩子的影响多么重要，在同一个学校、同一个班里，学生之间的差异源于家庭之间的差异。

随着中国社会经济的发展，家长越来越重视孩子的学习，重视程度史无前例，这就足以说明家长与教师的目标一致，甚至家长比教师对孩子的学习期待更加迫切。从这个意义上说，家长的重视有利于孩子的学习。

然而，家庭教育又是当前中国教育的最大问题，家长重视教育，但不懂教育。教育家长成为当前一项重要工作。

一个有智慧的数学老师想要提高班级学生的成绩，除了自我改变以外，还要改变家长，与家长形成"教育共同体"。

培养一个好习惯，需要持之以恒，改变一个学生，也要静待花开，不能操之过急，需要一点一滴地积累。有时，改变一个学生常在不经意间，教师的一句话、一个举动、一种表情会对学生产生巨大的影响，会成就一个天才，也会扼杀一个天才。

我愿意与大家分享下面这个让我津津乐道的故事。

当校长了，给学生单独辅导的时间少了，可我偏偏遇上了需要单独指导的华。当校长除了要上好课，服务于一个班的学生，但更重要的是引导好整个学校，服务于全校学生，课后给一个学生"开小灶"成本太高，就怕耽误学校工作，怎么办呢？

华一直都考不及格，但一直坚持学习，从来不耽误作业，因为我告诉她：做会做的作业，不会的就猜。

下午体锻课，华一边跳绳，一边与我聊天。

"今天学习圆的面积，你会求圆的面积吗？"

华想了老半天，回答不上来。

"不要急，你可以上教室找出书来看，再回答我。"

不一会儿，华从二楼教室下来，兴奋地说："圆的面积等于半径的平方乘以 π。"

"什么是半径？π 又是什么？"

华皱了皱眉头，又跑回教室。我知道她又去寻找答案了。

"半径就是圆心到圆上任意一点的距离，π 是圆周率。"

"那……圆的面积又怎么算呢？"

华想了很久，我知道她又忘了。

我知道华没有把符号化的公式与圆的现实图形建立起联系，尝试给她解释圆的面积为什么等于半径的平方乘以圆周率，但失败了，华似乎没有反应。

用什么办法来改变这种现状呢？

唯一的办法是让她每一节课都能掌握一点，要掌握一点知识，就要使她进入数学学习中，那么，怎样促使她进入数学学习中呢？

事情无法在课外完成，只能在课内解决问题。课堂上，我得关注全体学生，也无法把时间放在一个人身上，但至少要让华感觉到我很关注她，我用什么办法呢？你可能想不到！

上课一个微笑，下课一个微笑，每天一个问题，这就是让她自我改变的办法。

上课了，我向华投去一个微笑，华向我点点头，下课时，我又向她笑一笑，她会跑向讲台汇报课堂学习情况，我要求她每天向我提一个问题，趁我没离开教室时解决这个问题。

两个微笑传递的信息，也许我俩的理解不尽相同，但心已连在一起，这是一种信任，信任往往比爱还重要！下课了，华会兴奋地冲到我跟前："戴老师，我学会了！"我向她竖起大拇指："不简单！"有时她会向我提一个问题，我会耐心地再与她讨论一遍，让她满意地离去。

一个学习困难的学生从来没有缺交过作业是很难做到的，可华做到了。

华的学习在悄悄地发生变化，应该是两个微笑与一个问题产生了作用。回想年轻时老是对学习困难的学生臭脸相向，整得学生每天抬不起头，看到老师就战战兢兢的，心里就追悔不已。有了教育人生的两种态度对比，我突然发现：微笑也是一种教育方式，微笑也能改变学生。

我从这个教育故事中似乎找到了改变学生的秘籍：建立师生之间的信任是多么的重要，有了信任，学生就有了自信，有了自信，就有了自我，有了自我，才能体会到人存在的价值。

当好数学老师，不是"教好数学"这么简单。关注学生的心理、生理发展，培养良好的生活与学习习惯、意志品质比传授数学知识更为重要。

学生良好的心理素质、生理习惯、品质等养成了，数学成绩绝对差不了。

研究3 学生需要什么帮助

张老师很困惑：学困生做错的题多，每天都要给学生开"小灶"，但效果不明显。

张老师开"小灶"的方式与其他老师一样，把错题都辅导一遍。

是呀！学困生做错的题多，老师每一道题都讲一遍，告诉学生每道题都很重要，而学生根本没有能力理解与掌握这么多题的解题方法，也就变成没有一道题能"消化"得了。每道题都讲一遍，题量就让学生害怕了。如果改为每天"吃透"一道题，效果是不是更好些？

每个孩子都会遇到困难，产生困惑，需要老师的帮助。帮助学生解决困难，有各种各样的方式，然而不同的方式方法，取得的效果是不一样的。每个孩子的困难也不同，需要用不同的方式方法帮助学生解决困难。他们需要什么样的帮助，我们又如何帮助呢？

先以《异分母分数加减法》为例。

先通分，再按同分母分数加减法计算，是异分母分数加减法的计算方法。对于大部分学生来说，异分母分数加减法不是太难的事，可是班上就有那么三位学生存在很大的困难，做得慢，错误率高，让我怀疑他们的智高是不是有问题。

认真分析他们出现错误的环节，都出现在通分这一环节上，而通分就是把异分母分数变为同分母分数，而通分出现错误有三个关键点：第一，找不到公分母，也就是不会求两个分母的最小公倍数；第二，即使找到了公分母，通分也不成功，分数的基本性质成为学生的漏洞；第三，不会判断一个分数是否是最简分数，能约分的没有约分。因此，这三位学生要掌握异分母分数加减法，唯一的办法是先把最小公倍数与分数的基本性质、约分这三课给补上。

这个道理老师是明白的，但怎么让学生悟出这个道理，从而知道自己要做什么，要怎么做，才是帮助学生走向成功的关键。

怎么让学生知道自己存在的问题，让学生自觉自愿地补上这三课呢？放学后，我把三位学生留了下来，出了三道题给他们做。

$$\frac{3}{4}+\frac{1}{8} \qquad \frac{5}{8}-\frac{1}{9} \qquad \frac{5}{6}-\frac{3}{8}$$

学生做完后发现，第一题有两个学生做对，另一个学生是这样计算的：

$$\frac{3}{4}+\frac{1}{8}=\frac{24}{32}+\frac{4}{32}=\frac{28}{32}$$

当这个学生看到另两位学生的公分母都是8的时候，笑了。我告诉他，这样做也是可以的，但最后要约分，如果把4和8的最小公倍数当公分母，通分就简单多了。

第二题，三个学生都找到了公分母，但有一位学生又出了问题：

$$\frac{5}{8}-\frac{1}{9}=\frac{40}{72}-\frac{8}{72}=\frac{32}{72}$$

三个学生的计算过程一比较，这个学生就知道自己的计算过程错在哪个地方，$\frac{5}{8}$ 的分母乘以 9，分子也应乘以 9，而不是 8，分数的大小才不变。

第三题，有两个学生把两个分数分母相乘作公分母，其中一个学生运用分数基本性质通分出现错误，一个学生没有找到公分母进行通分。

我引导学生找 6 和 8 的最小公倍数，第一种方法：逐一列出 6 和 8 的倍数，找到最小公倍数；第二种方法，逐一列出两个分母中较大的 8 的倍数，看看哪个又是 6 的倍数，这个数就是 6 和 8 的公倍数；第三种方法，用短除法求最小公倍数。

随后，与学生一起找计算错和计算慢的原因，有三个：求两个数的最小公倍数、通分、约分技能没有掌握。解决问题的方法是把这三课补上。

几天时间里，我给他们布置特殊作业，每天三道题，第一道求最小公倍数，第二道通分，第三道约分。我知道：这三个关节打通了，异分母分数加减的计算问题就解决了，三个学生的学习信心就加强了。

每一堂课都有目标，学生要实现目标，必须具备一定的条件。然而，有些学生的学习现状不具备实现目标的条件，这并不一定是学生在这堂课中的学习行为造成的，教师所要做的是怎么样使学生拥有学习的条件。

当学生出现问题时，首先要摸清楚学生错误的症结在哪里，再采取措施打通症结，让学生具备学习条件。学生一旦具备了学习的条件，学习新知就没有困难了。

在实际教学中，学习困难的学生更需要得到教师的帮助，得到教师的帮助也最多。只有一个教学设计的课堂，最容易被遗忘的可能是学优生。

许多老师可能不赞同我这个观点，认为学优生在课堂中是最活跃的，他们回答问题最积极、最准确，经常得到老师的表扬与肯定，因此，学优生在课堂学习中受益最多。

正因为学优生频频举手回答问题，才给老师造成错觉，学优生频频举手回答问题，因为他们已经理解掌握了，他们没有课堂内容的学习任务，他们的任务是频频举手解答老师提出的问题，至于学优生在课堂内得到什么，在课前知识水平基础上提高了多少，对于老师来说是个未知数。

课堂教学前，学生对新知不理解，经过课堂学习，学生理解掌握了新知，那么课堂教学才算发挥了作用。对于学优生来说，也许课堂教学前与教学后的水平并没有得到改变与提高，只是课堂表现好而已。

从理论上讲，数学家或诺贝尔奖获得者应该从这些学优生中产生，如果学优生中没有产生数学家，原因可能是老师在数学教学过程中，很少关注学优生的成长。试想，在一个没有一点挑战性的课堂学习环境下学习已经知道的东西，是多么的无趣与无味，学优生只能通过举手发言来打发时间和获得老师的表扬与肯定了。

有时，学优生出现问题，老师容易被"学优"而蒙蔽。

请看下面一则案例。

康泽是班上的数学科代表，是老师的得力助手，作业基本上是他布置的，我出差比较多，他悄悄地组织几个学习比较好的同学改作业，数学成绩从不让人担心。

六年级上学期的期末考试，他得知自己的考试成绩后，回家悄悄掉眼泪，许多同学都考出了好成绩，自己却连班级平均成绩都搭不上，太丢人了！

康泽妈妈给我发来短信："戴老师，您好！康泽这次的成绩肯定非常让人失望，也是在我的预料之中的。因为之前我发现他还是在被动式地学习，想让他由被动学习变为主动学习，所以这学期学习方面就完全放手由他自己决定。期中考前还行，也许是期中考发现自己考得还行翘尾巴了，接下来完全不把学习当回事了，这次的问题我想对他也是一个教训。昨晚他一个人在房间掉眼泪。也让老师操心了……"

因为我出差在外，试卷是同事们改的，我也不知道康泽得了多少分，于是就发了一个短信问班主任邹老师，邹老师马上回信："康泽啊！只有85分！"

的确是出人意料！

康泽退步了？成绩就是证据。

难道以前康泽的学习都是被动的？我可是从来没有"压"过他呀！从短信内容来分析，如果是被动学习，肯定是家长长期"压"着他。为了让他从被动变主动，这学期在学习方面完全放手由他自己决定，没想到"翘尾巴"了，不把学习当回事。

想起自己平时教学，对于康泽这样的"优秀生"非常放心，从没付出关心，我感到自责。然而，让我感到高兴的是，康泽的母亲这学期完全放手由他自己决定学习方面的事情，这的确是由被动变主动必须经过的人生"转折"，就像中国经济转型期要经过"阵痛"，经济放缓，回到正常轨道上。康泽也尝到了"转型"的滋味，一个人躲在房间里掉眼泪。

由此，我认定：他没有退步。因为退，就是为了进。

作为一个六年级的小学生，他能理解"以退为进"吗？

我约了康泽一起分析"退步"的原因：

"妈妈认为你退步了，你觉得呢？"

"是退步了。"

"什么原因造成学习退步？"

"不知道！"

"听说上五年级前妈妈天天陪你读书，对吗？"

"是。"

"上五年级后呢？"

"妈妈从来不管我学习的事了。"

"为什么呢？"

"妈妈说要让我学会独立。"

"你独立了吗？"

"还没有。"

"是不是可以这么理解，以前的每一次好成绩，有你妈妈的功劳，而现在的 85 分全是你自己争取来的？"

"是。"

"从考试成绩来看，的确是退步了，但现在的成绩完全是你自己的，在这方面，是进步了，而且这个进步非常重要。"

"是吗？"我对他的评价，康泽意想不到。

"对！就像一周岁的小孩脱奶一样，在短期内消瘦了许多，但他开始自己吃饭了，这是多么了不起的转变啊！"

康泽紧张的情绪开始缓解下来。

"现在这个成绩说明还有一些数学问题你是没有理解与掌握的，解决数学问题的能力还要提高。"我开始给他指出问题所在。

"就是考试粗心，如果现在考试就不会出现这些问题了。"

"没有一个学生不重视考试的，都非常认真做题，生怕会丢分。丢几分说明不了问题，丢的分多了，肯定有问题。"

"我老觉得数学很简单，不把它放在眼里；做作业时，题目还没看完就下手，没想到题目变化了；妈妈没有陪着我，有时候我会偷懒，因为我觉得数学肯定没问题。"康泽终于开始反思自己了，我很高兴。

"这就是出现问题的原因所在，自以为是、放松自己、降低要求是学习的最大敌人。我想你一定有解决问题的办法了吧？"

"我知道怎么做了，老师请放心！"

……

没有一个孩子在成长的过程中是一帆风顺的。像康泽这样的学生到了中高年级"退步"的现象很普遍，无论家长，还是老师，发现孩子成绩下降，总是很担心，因为他们看到的是孩子的成绩，成绩就是最好的证明，很能说明问题。

最为糟糕的是，我们看到的总是成绩，而不去探究成绩背后的东西。康泽成绩下降了，是他成长过程中必须经历的困难和问题，就像人行走的道路有沟有坑一样，人摔倒了，就要想办法爬起，经过几次摔与爬以后，后面的摔与爬就越来越少了，人就变得越来越成熟了。

康泽由于离开母亲的陪伴，学习成绩下降，是"不适应"的正常现象，离开母亲的陪伴，变得独立，把独立变成自由，自由造成偷懒，偷懒的后果可想而知。

康泽"摔倒"了，孩子可能不知道为什么会"摔倒"，看到的是"摔倒"的事实，而没有看到"摔倒"的价值，如果能引导他自己重新爬起来，"摔倒"这样的坏事就变成好事了。

千万不要对学优生太放心，他们也有许多的困惑与问题，只不过这些困惑与问题更加隐蔽，需要老师的关注——透过现象看本质，帮助他们更好更快地成长。

当学生的考试成绩"差"时，老师的责怪、批评甚至惩罚无济于事，因为没有一个学生不想考出好成绩，成绩不好，是因为水平不高。对学生的最好的帮助是与学生一起分析成绩不好的原因，给学生指出提高成绩的策略，并督促学生完成提高成绩的几个步骤，越具体越好。

讨论到这，也许我们更加清楚了学生需要什么样的帮助，老师又应该如何帮助学生。帮助学生提高数学水平，要找到其根源，既要治标，更要治本；学生犯错或成绩下降，一味地指责是无济于事的，需要老师给学生指出一条走向成功的路。

第三个问题讨论完毕，研究 1 从学生的身心健康的角度分析当下学生所处的学习环境；研究 2 从教师与家长行为的角度分析教师与家长对学生的影响；研究 3 从学生需求的角度分析学生需要得到什么样的帮助。

课程改革如果失败，必定在形式上打转转，造声势，讲排场，要政绩；课程改革如果成功，必定是在内涵上求发展，以学生为中心，研究学生，服务学生，让学生站在学校的核心位置。

学生是怎么成长的？

是在他们适合的环境下成长起来的。

是在教师与家长提供的适合的教育中成长起来的。

是在教师的科学有效的帮助下成长起来的。

第三编

教师，究竟
怎么教

数学教学有三种思维活动，即数学家的思维活动、学生的思维活动和教师的思维活动，成功的数学教学就是要实现这三种思维活动的和谐统一。

数学家的思维活动存在于教材之中，教材的内容与目标导向在第一编"数学，究竟教什么"中已经明确，即教有用的数学，教有趣的数学。

学生的思维活动在第二编"学生，究竟怎么学"中已深入研究，学生是有想法的，并能根据自己的想法学习，他们与数学家、教师思维上有差异。

如果把教材当作供应者，把学生当作接收者，那么教师就是传输者，传输不当，或传输得过多，或传输过少，对学生的学习都是有害的。教师要想传输得科学、适当、通畅、有效，就要尽量拉近供应者（教材）与接收者（学生）的距离，灵活地处理教材，使数学学习活动贴近学生的实际，从而实现三种思维活动的统一。

因此，第三编将讨论教师的思维活动：教师，究竟怎么教？

"怎么教"这一编，重点介绍以下三个策略：

第一个策略：儿童化的教学之术；

第二个策略：数学化的教学之道；

第三个策略：前置式的教学之变。

策略一
儿童化的教学之术

学校开设体育校本课程，请了几个专业乒乓球教练，每周一节课，二年级学生已经学了两年了，可是 80% 的学生不会发球。

老师是怎么教发球的？我很好奇。

原来老师是这样教学生发球的：右手握球拍，左手抛起乒乓球，用球拍削过去……

这不是奥运会冠军王励勤、马琳、刘国梁的发球动作吗？

这种成人式的教学，小学生无法掌握，当一次一次地练习，总是发球失败时，学生认定乒乓球难以学会，学习就难以延续下去了。

问题找着了，解决问题需要改变教学策略，把成人化的教学变为儿童化的教学，一年级学生学习发球的起点在哪呢？

我忍不住走到球台边，试教一个学生发球：右手握拍，左手放球，球掉到球台上反弹起来，右手球拍把球送到对方球台上。

这位学生按照我的做法试着练起来，尝试发了五次球，终于把球发了过去，高兴地跳了起来，我鼓励他继续练下去，这孩子一发而不可收，连续发了几个球都成功了。

学生学会了初步的发球方法，保证了孩子们能把球玩起来，球感就能在玩的过程中形成。

当学生的初始发球与接球能力达到一定水平时，学习更为专业化的发球与接球技巧的需求越发强烈时，教师再传授更加专业化的发球技巧。

教练们很快意识到这一点，改变了教学策略，先教学生从儿童化的发球开始，循序渐进，由易到难。

果然，学生的玩球愿望越来越强烈，被动学球变为主动学球，室外乒乓球台时时都有孩子们的身影。

体育教学的例子告诉我们，一个合格的教师至少应具备两种知识：一是学科专业知识，二是教学方法的知识。

学科专业知识是科学家的发现与创造，是成人化的知识（思维），而儿童的思维与成人的思维有很大的差异，成人化的课堂教学会造成儿童理解上的困难，只有儿童化的教学才适合儿童的学习。

那么，数学教学中，如何根据儿童思维的特点进行教学呢？下面，从教学设计、教学过程、教学方式三方面介绍儿童化的教学。

方法 1　教学设计儿童化

上好一节课，功夫在课前准备，课前准备最重要的工作就是教学设计。

教学设计主要根据教材与教参，教材和教参告诉我们教什么，也建议我们怎么教，加上基于教师的理解加工，就形成了教学设计。

教学设计是为了把课上好。那么，评判一节课上得怎么样，看什么？

不看教学设计，而看课堂效果。

课堂效果看什么？

既要看老师，也要看学生，但归根到底要看学生，看学生学得怎么样。

因此，课上得怎样，由学生说了算。

既然数学课上得好不好，由学生说了算，那么，教学设计就应充分考虑学生的因素。

然而，学生的想法与教师、教材的想法是有距离的。所以，缩小教师、教材与儿童的思维差异，符合儿童的认知规律，让课堂教学更加贴近儿童的学习，是教学设计的重要任务。

参与市小学高级教师职称评定面试环节的评委工作，听了八位参加面试老师的片段教学，课题是人教版三年级上册"加减法的验算"。那我们就从《加减法的验算》这课开始谈谈如何让教学设计儿童化。

八位教师的教学片段大同小异，是这样教学的：

（师出示主题图。）

师：图片告诉我们什么信息？（生回答）

师：要知道找的钱对不对，先要算什么？

生：求一套运动服和一双运动鞋一共要多少元。

师：怎么列式？

生：135+48。

师：请同学算一算。

（算完后，老师请几位同学把竖式写在黑板上，讲评为什么相同数位上的数对齐，十位数相加后还要再加上后一位进上的"1"。）

师：怎么知道算得对不对呢？

生：再算一遍。

师：对，再算一遍也可以，还可以交换加数的位置再算一遍，看看结果是否一样，或者是用和减其中一个加数看看会不会等于另一个加数。（板书：交换加数位置，和不变；和－一个加数＝另一个加数。）

师：接下来求什么？

生：找回 17 元对不对？

师：怎样才能知道？

生：200-183，看看是不是 17 元。

师：请同学们算一算。

（学生算后，老师讲解如何隔位退位，十位上为什么是 9 减 8。）

师：还可能怎么证明找得对不对？

生：看看 183+17 会不会等于 200。

师：对！差加减数等于被减数。还可以用被减数减差，看看会不会等于减数。（板书：差＋减数＝被减数，被减数－差＝减数。）

……

参加片段教学面试的老师主要存在以下几个方面的问题：

一是教材没看懂。本课教学的核心目标是"验算"，而不是计算，老师们在"从个位加减起……"的计算上费了不少的功夫，浪费了不少时间，而验算的理解与掌握的教学不太充分。

二是学生没了解。加减验算的方法理解与掌握需要学生学习加减法各部分间的关系为基础，而加减法各部分间的关系在三年级上册并没有系统学习，因此，老师们着力在加减法间的关系上又费了很多的力气。如果在真实的课堂上，这样的教学是达不成"验算"这一核心目标的，因为在四年级系统学习加减法各部分间关系时需要两个课时，三年级学生通过加减法之间的关系理解算理会有困难。显然，让学生学习加减法各部分的关系进行验算教学是不符合学生实际的。

三是设计不科学。正因为老师对学生的"前认知"不了解，才会采用不适合学生的教学方式，学生检查对错的"前认知"是重新再算一遍，新认知是根据加减法各部分间的关系进行验算，而学生却没有系统总结加减法各部分间的关系，老师只好选择讲授的方法"灌"给学生，学生的理解就遇到困难了。

为此，教师在备课时应厘清这几个问题：

首先，为什么要学验算？

其次，可以怎样验算？

其三，为什么可以这样验算？

验算是学生解决问题过程中的一个非常重要却又容易被学生忽视的环节，培养学生强烈的验算意识，在解决问题过程中重视验算环节，是本课的重要目标，学生需要认识到验算的必要性。学生在解决问题找出答案后无法确定答案是否正确的情况下，验算就发挥了作用。

加法的验算可以重新计算一遍，或交换加数的位置，或用和减去其中一个加数，看是否会等于另一个加数；减法也有两种验算方法可选择，用被减数减去差，看是否等于减数，或用差加减数，看是否等于被减数。但学生是否能理解这些验算方法呢？

验算方法的支撑是加减法各部分间的关系，但加减法各部分间的关系的总结与整理要到四年级才系统学习，老师又如何让学生理解这些验算方法呢？

借助教材情境图，与生活联系起来理解验算方法是最好的选择。

基于以上认识，可以作如下教学设计：

一、创设情境，提出问题

教材设计了两幅有联系的买东西的情境图：妈妈买一套运动服和一双运动鞋，付出 200 元；售货员找给妈妈 17 元。这个买东西的过程包含了一个加法问题（买一套运动服和一双运动鞋一共要多少元？）和一个减法问题（应该找给妈妈多少钱？）。由孩子提出的"找的钱对不对呢？"提出检验计算结果的问题，引入验算的教学。

二、探究加法验算方法

1. 讨论：找的钱对不对呢？必须先算出一共花了多少钱。

2. 计算：一共花了多少钱？教师展示几个不同结果的算式，讨论：怎样才能知道计算结果是否正确？

3. 根据生活经验，明确：用鞋子的钱加上衣服的钱再算一遍，看看结果是否一样；或用一共用去的钱减去衣服的钱（鞋子的钱），看看是否等于鞋子的钱（衣服的钱）。学生再一次验算自己的计算结果是否正确。

三、探究减法验算方法

1. 计算找回的钱，讨论：减法的计算如何验算？

2. 明晰：用付出的钱减去找回的钱，看是否等于用去的钱；或用找回的钱加上用去的钱，看是否等于付出的钱。学生验算自己的答案是否正确。

四、课堂小结

掌握验算方法，就能检验我们的计算是否正确，提高计算的准确率。

作教学设计，首先要读懂教材，明确"教什么"，目标与方向偏离，教学效果可想而知；其次是研究学生，研究学生已经知道了什么，完成教学目标有什么困难；其三，设计目标明确、适合学生学习的教学过程与教学策略。

学生已经知道了什么？可从教材编排的先后顺序作出判断，但不同班级或班级里每个学生水平不一样，这就需要不同的教学设计。因此，获取一手真实的"情报"非常重要。

"情报"越准确，教学起点的把握就越到位，教学的针对性就越强，教学的有效性就越高。

为了对学生的学了解得更加全面和准确，除了根据教材编排了解学生的学情，有时还需要放手让学生尝试，甚至作课前调研。

请看《两位数乘一位数》的案例。

两位数乘一位数"13×2"，学生用竖式计算，会怎么列？又会怎么算呢？

找了几个学生试了试，结果让你想不到！

学生呈现了四种做法：

13	13	13	13
× 2	× 2	× 2	× 2
16	26	6	6
		2	20
		8	26

有什么样的做法，背后就有什么样的想法。

第一种想法：用2乘3得6，十位上的1抄下来。学生怎么会有这样的想法？

第二种想法：用2分别乘13中的3和1，乘3得6，乘1得2，2自然写在6的前面，得26。为什么2还要去乘十位上的1呢？学生回答不上来，也就是说，学生蒙对了，但无法理答。

第三种想法：用2分别乘13中的3和1，乘3得6，乘1得2，6加2得8。2乘十位上的1得多少？学生的回答是：2乘十位上的1得2。

第四种想法：用2乘13中的3得6，乘十位上的1得20，6加上20得

26。学生知理，但法还不够简练。

学生有四种想法和做法，用什么"招"来促进学生的学呢？

还是要回到乘法的原型和意义，原型和意义是算理与算法的探究之母，通过原型和意义悟出"理"，生出"法"。

教学思路越来越清晰了。

1. 学生完成下面三道题。

13+2　　13-2　　13×2

13+2、13-2 两题，学生竖式算法一致，13×2 竖式算法估计有多种。展示学生的做法，暴露学生的想法，让学生争辩。

2. 借助学具，理解算理。

（1）提供磁片若干，小组同学摆出 13×2。

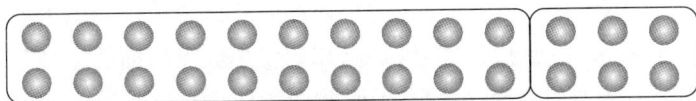

（2）思考：个位上的 6 是怎么来的？

（3）讨论：2 要不要与十位上的 1 相乘？ 2 与十位上的 1 相乘得多少？为什么？

3. 比较优化，明确算法

（1）判断：哪几个竖式计算是正确的？

（2）优化：哪个竖式的计算比较简单？

4. 巩固练习，拓展提高。

5. 课外延伸：13×12，你认为要怎样计算？

如果直接告诉学生算法，学生也能算得对又快，为何要费那么大劲来讨论"为什么这么算"？

哦！算法是从算理中产生与优化的，知算法而不知算理，知其然而不知其所以然，是为算而教，而不是为理解而教。因此，讨论算理的过程就是学生创造算法的过程，这一过程（时间）是不能节省的。

那么，算理的依据是什么呢？是乘法意义。求 2 个 13 是多少，从乘法意义出发讨论算理，又必须有数学模型，借助数学模型（1 份 13 个磁片，看看 2 个 13 是多少）帮助学生理解算理，从而创造算法。

因此，模型—意义—算理—算法是学生（儿童）逐步数学化的创造过程。

教学设计儿童化，既要研读教材、吃透教材，透过教材揣摩编者意图，又要准确把握学生的学习情况。当教材编者意图与班级学生的认知存在差异时，教师就要对教材进行改造，使教材更加适合学生的学习。

教师对教材的改造就是教学设计，教学设计的前提是对学生的理解。

接下来，我们就以北师大版小学数学第八册《小数的意义》为例，进一步探讨如何制定教学目标，如何了解学生，如何改造教材，从而进行科学合理的教学设计。

第一，研究教材。

学生已经学过整数的意义及各计数单位间的关系，如 123 表示 1 个百、2 个十和 3 个一，10 个一是 1 个十，10 个十是 1 个百……"小数的意义（一）"的目标是学习小数点后面数的意义及小数部分各计数单位间的关系，如小数 123.45 中，整数部分的意义，学生是已知的，小数点后面的"45"表示的意义是未知的，引导学生理解小数点后面数的意义是本节课的核心目标。

第二，研究学生。

学生对小数的认识并非一张白纸，在三年级上册"小数的认识"单元中就已认识小数，它主要通过以元为单位的物品价格来认识小数，如 3.12 元，表示 3 元 1 角 2 分，3.12 米表示 3 米 1 分米 1 厘米，只认识小数的生活意义，但还未深入到小数的数学意义的学习。因此，教学可借助以元、米为单位的小数开始，用分数来解释小数的数学意义。

从教材的编排只能了解学生"已经学过什么"，学生已经知道什么，他们会怎么想，怎么做，真正的困难在哪里，还需经过问卷调查，才能得到比较准确的信息，学生的信息越准确，教学设计就越到位。

问卷统计表明：97.5% 的学生对"1.11"这个小数会用"1 元 1 角 1 分"或"1 米 1 分米 1 厘米"来解释小数的意义，只有 2.5% 的学生能用分数解释小数的意义，如"1.11"的小数点后面第一位的"1"表示 $\frac{1}{10}$，第二位的"1"表示 $\frac{1}{100}$。因此，借助"元""米"理解 0.1 元和 0.01 元分别是 1 元的 $\frac{1}{10}$、$\frac{1}{100}$，0.1 米和 0.01 米分别是 1 米的 $\frac{1}{10}$、$\frac{1}{100}$，是教学的起点。

第三，改造教材。

通过表示物品价格的小数帮助学生理解"0.1 元是 1 元的 $\frac{1}{10}$，1 元的 $\frac{3}{10}$ 也可以表示为 0.3"，学生的学习不会有困难。但当要求 $\frac{30}{100}$ 写成小数时，出现了不同的答案，有 0.3、0.03、0.30，把 $\frac{59}{100}$ 写成小数时，有 0.59、0.059、0.590，看来，这是教学的一个难点。

这一教学难点，学生是否能消化与吸收？

理解小数点后面各数的意义和体会各单位的十进关系是本课的教学目标，如 2.34 这个小数，学生能理解"3"表示 3 个 $\frac{1}{10}$，"4"表示 4 个 $\frac{1}{100}$，就说明达成了本课的学习目标。把分母是 10、100、1000 的分数写成小数放在第一节课要求太高，把这一内容放在后面的课时中比较合适。

学生认识小数的生活意义，而对小数的数学意义的理解有一定困难，也是这节课所要解决的。因此，理解小数的意义需要从特殊（记录钱数）到一般，也就是说从借助以"1 元"为单位的小数的生活理解过渡到以"1"为单位的小数的数学理解，这也是从具体到抽象的学习过程。

理解小数意义的关键是各小数数位上的单位及各单位间的关系，探究 1.111 各数位上的"1"的意义是本课的着力点，它是认识其他小数的条件。因此，从探究 1.111 开始认知小数的意义，知道了"1"在各数位上的意义，各数位上其他数的意义也就水到渠成了。

如何判定学生是否理解了小数的意义，让学生形成"行为化的概念"，而不是"定义化概念"？教学中可借助图示，从图中找数，根据数画图，选择图表示数，实现数与形的完美结合，使学生真正理解小数的意义。

这样，就实现了数学与生活的横向联系，数学与数学间的纵向联系，为"小数的意义（二）"和"小数的意义（三）"积累了丰富的活动经验和知识经验。

基于以上的认识，作如下教学设计：

一、从已知出发，为目标设疑

1. 出示三个"1"，比较它们的不同。重温三个"1"在不同的位置上分别表示 1 个百、1 个十、1 个一以及不同位置三个"1"的大小关系。

2. 加入一个小数点，变为"1.11"，导问：这三个"1"又有什么不同，它们之间又有什么关系呢? 从而揭示课题。

二、借助单位，为抽象搭桥

1. 给一个单位"元"，学生根据已有知识经验，知道 1.11 元表示 1 元 1 角 1 分。

2. 通过课件帮助学生理解 0.1 元与 1 元，0.01 元与 0.1 元、1 元之间的关系。

3. 再换一个单位"米"，在米尺上找到 0.1 米与 0.01 米，同学独立思考与交流。

三、剥离具体单位，深入小数本质

1. 把一个正方形看作"1"，请学生涂出 0.1 和 0.01，并利用课件演示在同一个正方形中的 1、0.1、0.01，感受它们之间的关系。

2. 在 1.11 后再加一个 1，让学生理解这个 1 又表示什么。

3. 任意编一个小数，让学生明白它们各个数位上的数表示什么，并用图表示出来。

四、组织有效训练，拓展学生思维

1. 看图抢答小数。

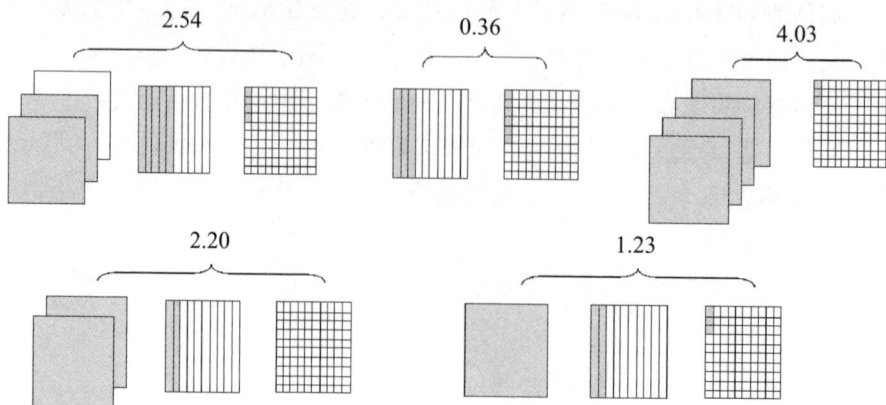

2. 涂出指定的小数。

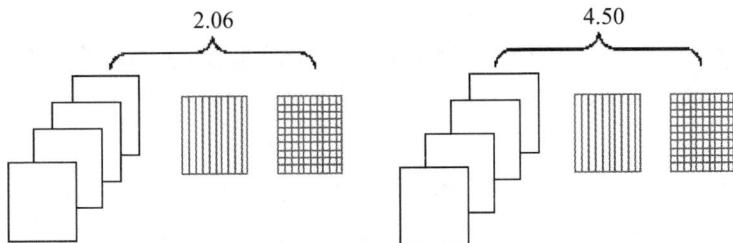

五、课堂小结，文化提升

1. 进一步明晰各个数位上的数表示的意义

2. 引用刘徽的《九章算术注》中的话，感受数学传统文化。

如果不研究教材，目标不明确，方向会偏离；如果不研究学生，教师心目中的学生就只是一个抽象体，建立在"抽象体"基础上的教学让学生无法适应；如果不改造教材（教学设计），教材与学生可能相距甚远，学生的"接收"可能存在困难。

为了让学生更加适应课堂，提高学生学的效率，老师的教学设计就应该建立在了解学生的基础上，使课前的教学设计更加有效。

没有读懂教材、不了解学生的教学设计，写得再"好"，又有什么用呢？

方法2 教学过程儿童化

B 老师带着备课团队研究的成果——《小数的意义》教学设计，自信满满地走上讲台。

我想：学生会怎么学？我们都已经了如指掌了，课堂应该不会出什么意外。如果不出什么意外，这节课一定会出彩。

没想到，意外还是发生了，这是 B 老师始料不及的。

从整数的意义导入："111"中三个"1"有何不同？有什么关系？学生的

回答给 B 老师制造了麻烦，影响了他正常的教学心态。

学生的回答是：十位上的"1"与个位上的"1"相差 10 倍。

在学生的内心世界里，十位上的"1"比个位上的"1"大，是 10 倍关系，但"相差 10 倍"的表达有误，只要老师即时纠正，表达上的错误就不会延续。

遗憾的是，B 老师有些不知所措，没有即时纠正，在讨论小数部分相邻两个"1"之间关系时，学生的回答还是"相差 10 倍"。

听课老师的评价是：B 老师的课堂出现了知识性错误。

B 老师的课给我们的启示是：无论教学设计考虑得多么周全，学生的表现总是与教师的预设有差异，教师需要面对这些差异，及时处理课堂中出现的新情况、新问题。

要正确处理课堂中学生出现的新问题，实现教学过程儿童化，首先要了解儿童自己的表达方式。

儿童的表达方式与成年人的表达方式有很大不同，成年人可以较完整和准确地表达自己的意思，而儿童的表达相对较弱，他们可能无法完整或准确地表达自己的意思，但是不完整或不准确的表达不等于不理解。

一年级几位新老师同课异构，都按教学进度上《上下》一课，教学中，都遇到了相同的问题：

师：（在黑板上贴上树的图片）飞来一只小鸟，又跑来了一只小兔。
（把小鸟图贴在树的上面，把小兔图贴在树的下面。）
师：谁来说说小兔和小鸟的位置关系？
生：小鸟在上面，小兔在下面。
师：谁在谁的上面，谁在谁的下面？
生：小鸟在树的上面，小兔在树的下面。
师：还可以说谁在谁的上面，谁在谁的下面？
（老师希望的答案是：小鸟在小兔的上面，小兔在小鸟的下面。但学生的回答总是让老师不满意。老师只好不断地启发与引导，终于一个学生说出了老师想要的答案。）
生：小鸟在小兔的上面。
（老师露出了满意的笑脸。）

师：小兔呢？

生：小兔在小鸟的下面。

（师板书：小鸟在小兔的上面，小兔在小鸟的下面。接着，把松鼠图贴在树的中间。）

师：小松鼠在什么位置？

生：小松鼠在树的中间。

师：小松鼠在小鸟的……

生：下面。

师：小松鼠在小兔的……

生：上面。

（师板书：小松鼠在小鸟的下面，小松鼠在小兔的上面。）

……

两位老师遇到的问题都是学生不按老师的意图回答，林老师课堂中的学生说："小鸟在上面，小兔在下面"；郑老师课堂中的学生回答："小鸟在树的上面，小兔在树的下面"。

学生的回答基于他们已有的生活经验，这是学生学习的起点，问题的关键是，这些都不是老师所希望的答案，老师希望学生这样回答：小鸟在小兔的上面，小兔在小鸟的下面，体现上下的相对位置关系。

当学生透过老师的"脸色"发现自己的回答不是老师所需要的时候，就会努力想办法找到老师所需要的答案，当一位学生在老师的启发下回答"小鸟在小兔的上面，小兔在小鸟的下面"时，老师很好地表扬了他。这样的教学后果是，学生在与老师的互动学习中，会察言观色，揣摩老师所希望的答案，而不是学生自己真实的想法。

分析学生的三种答案——"小鸟在上面，小兔在下面""小鸟在树的上面，小兔在树的下面""小鸟在小兔的上面，小兔在小鸟的下面"，其答案的质量基本一样，都是学生已有的生活经验，没有优劣之分。如果老师为了导出自己所需要的答案而非要学生说出来，就等于浪费课堂宝贵的时间。

课后，找了几个没有学过《上下》内容的学生进行前测，所有的学生都知道三种动物的位置关系，只是表达方式不同而已，也就是说，这个环节的教学几乎没有起到促进学生发展的作用。因此，大可不必在位置关系的表达上转圈圈。

教学改进如下：

（出示情境图。）

师：根据老师提供的信息，猜猜看，是哪只小动物。这只小动物不在最下面。

（学生可能会猜小鸟，也可能是小松鼠。）

生：是小鸟。

生：是小松鼠。

生：是小鸟，也可能是小松鼠。

师：凭什么呀？

生：小动物不在最下面，在小兔子上面的有小鸟，也有小松鼠。

［师板书：小鸟在小兔的（上）面，小松鼠在小兔的（上）面。］

师：（出示第二个信息：它在小鸟的下面。）现在你知道是谁了吧？

生：是小松鼠。

师：谁能说说，你是怎样想的？

生：小松鼠和小兔都在小鸟的下面，但是它又不在最下面，小兔在最下面，所以肯定是小松鼠啰！

［板书：小兔在小鸟的（下）面，小松鼠在小鸟的（下）面。］

师：同桌说一说三只小动物的位置关系。

（学生看着情境图说。）

师：（指着板书）小鸟在小兔的上面，那么小兔肯定在小鸟的下面，小松鼠在小兔的上面，那到小兔肯定在小松鼠的……

生：下面。

师：小松鼠在小鸟的下面，那么……

生：小鸟肯定在小松鼠的上面。

师：为什么小松鼠又是在上面，又是在下面？

生：因为它在中间。

生：它在小鸟的下面，又在小兔的上面。

师：跟不同的小动物比，位置关系就不一样了。

直接让学生看图说三只小动物的位置关系，教师只是在纠正学生表达上的不准确，而没有数学思维的挑战性，无趣又无味；通过小改起到了大作用，"猜小动物"的数学活动，增强了思维的挑战性和活动的趣味性，在师生说理互动中培养学生的信息处理能力和数学逻辑推理能力。这是教学过程儿童化要注意的第一个方面。

第二，教学过程儿童化，要分享儿童的独特想法。

当学生的想法或做法与教师的不同时，可能这位学生的想法有代表性，教师应该加以关注。如果学生的想法错误，改变这种错误就是课堂实效性的体现；如果学生的想法有创见，就分享与推广学生的想法。

罗老师上《四则运算》一课，通过创设情境，引导学生总结出四则运算的法则：只有加减法或只有乘除法，要按从左往右的顺序计算。

练习阶段的一个教学环节引起了我的注意。

出示：34-8+10。

学生在练习本上练习，教师请两位学生在黑板上板演，其中一个学生是这样做的：

34-8+10

=34-18

=16

学生做完后，教师提问：这道题做对了吗？

生：不对！

师：错在哪里？

生：它先算加了，应该先算减。

师：为什么要先算减？

生：减在前面，应该先算减。

师：对！在没有括号的算式里，一定要注意：如果只有加减法或乘除法，都要按从左往右的顺序计算。

我在想：法则的规定肯定无法让这位学生明白"为什么不能先加，而要先减"的道理，如果这位学生记住法则，按法则去计算，也能做对。

老师就要往下讲评另一道计算题时，有一个学生打乱了教学的进程。

生：也可以先算后面的，也会等于36。

师：怎么可能呢？你是怎么计算的？

老师耐着性子等着学生在黑板上板书。

这位学生是这样做的：

34-8+10

=44-8

=36

师：这样做对吗？

生：对！

没等老师回过神来，又一位学生冲上讲台拿粉笔板演。

这位学生是这样做的：

34-8+10

=34+2

=36

师：这样做对吗？

生：对！

老师看着黑板上两个学生的板书，一脸茫然，转身又看到几个学生得意洋洋的神情和富有挑战性的目光，只好硬着头皮接招。

师：按从左往右的顺序计算肯定没错，不按这样计算很容易做错。为了保险起见，提高准确率，我们还是要按从左往右的顺序计算。

这时，计算法则已经显得多么的苍白无力了：不按从左往右的顺序计算也可以算对。

当学生违背教材与教师的意愿而自行其道时，教师又该如何引导学生追求真理呢？

答案是：讲道理。

方法一：根据算式讲道理。

在 34-8+10 这个算式里，只减去8，后面还要加上10，第一个学生减去18就多减了10，后面的10又没加上，结果一共少了20。第二个学生先加

10，再减 8，和先减 8，再加 10，结果是一样的。第三个学生减去 8，加上 10，加上的比减去的多 2，因此，34 加 2 是正确的。

方法二：设置情境讲道理。

如 "车上有 34 人，下去 8 人，又上来 10 人，现在车上有多少人？" 下车的是 8 人，就不能减去 18 人；上车的比下车的多 2 人，因此现在人数比原来 34 人多 2 人；先加上上车的 10 人，再减去下车的 8 人，也等于现在的人数。

为此，老师们应该不难理解为什么新教材里很少出现法则、定义、公式等，加减法的定义、四则运算法则、多位数的读写法等在新教材里都没有出现，就是让学生的思维留有想象与创新的空间，追求真理解与真掌握。

第三，教学过程儿童化，教师要准确判断学生的困难，及时提供帮助。

课堂上，经常会遇到启而不发的状况，这时，学生的理解出现了问题，如果教师能准确判断学生出现问题的原因所在，就能及时提供学生需要的帮助，及时排除困难，提高教学的有效性。

《鸡兔同笼》在人教版与北师大版小学数学教材里都有出现，这是培养学生思维能力的一个好内容，对学生的学和教师的教都是一次挑战。

学生遇上 "鸡兔同笼，有 9 个头，26 条腿。鸡、兔各有几只？" 的数学问题，会想什么办法解决呢？

我的预设是，学生会用 "凑数法"，就是鸡兔共 9 只，1 只鸡与 8 只兔一共有 34 条腿；2 只鸡与 7 只兔一共有 32 条腿……5 只鸡与 4 只兔一共有 26 条腿。因此鸡有 5 只、兔有 4 只。"凑数法" 这种土办法，每个学生都能理解和运用。

可是，当我提出 "鸡兔同笼" 问题时，许多学生无从下手，让我感到意外。

而张瑞迫不及待地站起来说：$(9 \times 4 - 26) \div 2 = 5$（只），这是鸡的只数，兔的只数是 $9 - 5 = 4$（只）。

这是一个 "超常" 儿童，他有研究过，可我还是感到意外。

嘘……我暗示他不要透露秘密，让其他同学再想想。

为什么许多学生无从下手？一定是对 "9 个头，26 条腿" 里的题意感到陌生。而张瑞为什么这么厉害？下课后才知道他参加过校外奥数培训。

时间到了，我不能限制张瑞的说话自由，打击他的积极性。

"你是怎么想的？"

"假设9只都是兔，就有36条腿，比26多了10条腿，必须减去10条腿，每只鸡比兔少2条腿，就要把5只兔变成5只鸡，就刚好。"

"为什么要除以2？"同学们提出疑问。

"鸡比兔少2条腿。"张瑞开始不耐烦了。

"现在，同学们都理解了吗？"我估计同学们还没理解。

果然，大家还是朝我摇头，表示听不懂。这就给了我回到原点开始第二轮讨论的时机。

一、列表感悟

师：一共有9个头，你想到了什么？

生：就是鸡和兔加起来有9只。

板书：鸡＋兔＝9。

师：26条腿，你又想到了什么？

板书：鸡×2＋兔×4＝26。

刚才无从下手的学生开始动起来。

师：你是怎么找到答案的？

生：如果鸡有4只，那么兔就有5只，腿一共是28条，多了，鸡增加1只，兔减少1只，腿刚好26条。所以鸡有5只，兔有4只。

师：腿的条数多了，为什么要增加鸡，减少兔，而不是增加兔，减少鸡？

生：增加1只鸡，就增加2条腿，减少1只兔，就减少4条腿，总的来说是减少2条腿。

师：哦！增加1只鸡，减少1只兔，就会减少2条腿；相反，减少1只鸡，增加1只兔，就会……

生：增加2条腿。

师：刚才，这位同学先假设，再尝试、调整，这种方法好！你是怎么找到答案的？

生：鸡和兔一共有9只，如果鸡有1只，兔就有8只，鸡有2只，兔就有7只……一一把它列出来，有多少条腿，一一算出来，算到腿是

26 条为止。

鸡	0	1	2	3	4	5		
兔	9	8	7	6	5	4		
腿	36	34	32	30	28	26		

师：你发现了什么？

生：增加 1 只鸡，就要减少 1 只兔，腿就减少 2 条。

生：如果全部都是兔，就多出来 10 条腿，就要减少 5 只兔，增加 5 只鸡。

生：老师，不要列那么多，只要列出第一种情况，就知道答案了！

看来，学生开始觉醒了。

二、图示理解

我把题中的数据变了变：鸡兔同笼，有 20 个头，56 条腿。鸡、兔各有几只？然后让学生填表。

有些学生开始尝试用"跨越"式列举法找到答案，有些学生一步到位了。

鸡	20	12						
兔	0	8						
腿	40	56						

师：你怎么这么快就找到答案了？

生：全部都是鸡的话，只有 40 条腿，56-40=16（条），还差 16 条腿，就要增加兔，增加 1 只兔，就增加 2 条腿，增加 8 只兔，就要减少 8 只鸡，刚好补了 16 条腿。

学生边说，我边画图，目的是帮助那些"觉醒得慢"的学生直观地理解，真正地学会。

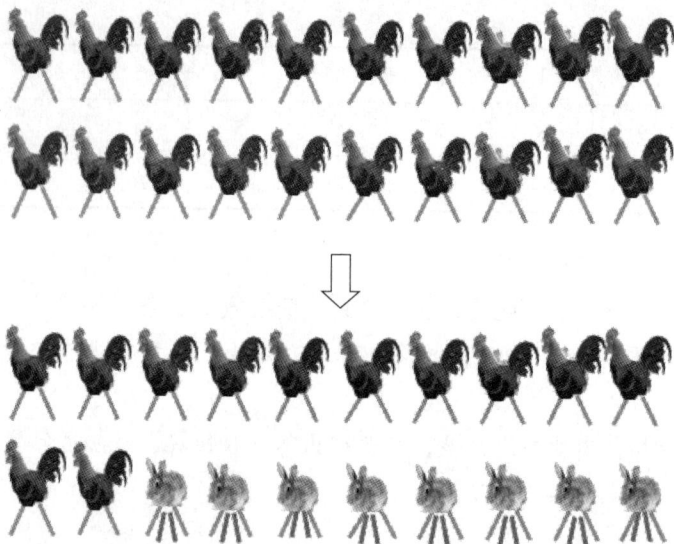

三、符号表征

这时，开始反思与小结。

第一步：列出一种情况，计算腿的数量相差多少。

第二步：调整鸡和兔的只数，每调整 1 只，就多 2 条腿，计算需要调整多少只。

第三步：计算鸡的只数。

"回过头来看看，张瑞同学的（9×4-26）÷2=5（只）又是什么意思呢？"我不放过另外一种假设的策略。

"9×4 是 9 只兔的腿数。"

"假设全部都是兔，就有 36 条腿，减去 26，多了 10 条腿，需要调整兔的只数。"

"对！怎么调整呢？"我不断追问。

"增加鸡，减少兔，每增加 1 只鸡，减少 1 只兔，就会减少 2 条腿，要减少 10 条腿，就要减少 5 只兔变为 5 只鸡，10÷2=5（只）。"

"大家终于明白了张瑞同学的想法了！"我带头鼓掌，教室里响起了热烈的掌声。

遇到数学问题，学生总是习惯于"知道鸡的只数，求兔的只数"的加减乘除的定势思维，而鸡兔同笼问题却需要假设，因此，有些学生无从下手。

张瑞参加校外奥数培训，已经知道结果，急于表现自己，但张瑞的方法与其他学生的思维距离较远。

张瑞解决问题的方法无法让其他学生接受时，从大多数学生"假设尝试凑数法"开始成为新的需求，教与学由此展开。

这时，无从下手的学生也动起来了；使用列表枚举法的学生也有了新的变化，发现少试几次也能成功；当学生找到"一次能试成功"的规律时，理解与掌握张瑞的方法也水到渠成。

教学过程儿童化非一日之功，需要教师在长期与学生相处中潜心研究学生的心理特点、认知特点以及不同年龄学生的表达方式与学习方式，教师研究得越深入，课堂的反应就越敏锐，处理问题就越及时，不同个性特征的学生都能得到不同的帮助和发展。

方法3　教学方式儿童化

林老师是位刚毕业的青年教师，怀着满腔热情走向教学岗位，一个星期下来，课堂就开始乱了，学生的作业也存在很大问题。

林老师很困惑：认真备好课，努力按备课思路上课，讲得很清楚，学生为什么不太理睬我呢？

听了林老师的课，就知道其中的原因了。林老师就像大学教授一样给孩子们上课，老师讲，学生听。老师讲得多了，学生就开始坐不住了。

林老师需要改变。需要改变的是教学方式，让成人化的教学方式变成儿童化的教学方式。

儿童化的课堂主要有以下几种：

一是开展活动的课堂。

正因为小学生好动、贪玩、持久性弱，有必要把数学知识进行加工，把知识传授的课堂变成数学活动的课堂，让学生在活动中认知。

《一分有多长》是北师大版二年级下册的内容，学生怎样建立"1分的长短"概念和明白分与秒的关系，并能进行简单的时间单位换算，是老师重点考虑的问题。

对于二年级的学生来说，1分有多长，1分等于多少秒，是非常抽象的概念，是告诉学生1分有多长，1分等于多少秒，还是引导学生在实践中丰富数学活动经验，体验1分和1秒的长短，以及分与秒的关系？

老师们无疑选择后一种学习方式。那么，怎样组织实践活动，使学生体验1分与1秒的长短更加有效呢？

请看下面的课堂写真。

一、课前准备：1分钟

师：（预备铃响）大家用1分钟时间作好课前准备。

（学生开始准备书、本子等。）

师：时间到。请问：1分钟有多长？

生：1分钟很快就过去了，我还没准备好呢。

生：1分钟时间，我把书、本子、文具都已经准备好了。

师：1分钟到底有多长？今天我们来研究这个问题。

（板书：1分钟有多长。）

二、数一数：1分钟有多长

师：听，这是什么声音？

（教室里响起了"嘀嗒嘀嗒"的声音。）

生：这是钟声。

师：（出示钟面）看看1分钟有多长？

（分针、秒针同时从"12"刻度线开始顺时针转，秒针转一圈。）

师：你有什么发现？

生：分针走一小格，秒针走了一圈。

师：也就是说，1分钟时间里，秒针走1圈。

（板书：1分钟 = 秒针走1圈的时间。）

师：秒针走一小格是1秒，走一圈是几秒呢？数数看。

（学生看着钟面，随着"嘀嗒"声数着：1、2、3、4、5……60。）

生：60秒。

生：秒针走一大格是5秒，两大格是10秒，三大格是15秒……12大格是 60 秒。

师：对！转一圈是 60 秒。那么，1 分钟就是 60 秒。

（板书：1 分 =60 秒。）

三、做一做：1 分钟能干什么

师：写字、朗读、做口算题、折纸飞机……选一件事做，看看一分钟能做多少事。

（学生选择一件事，教师计时，一分钟后，学生汇报交流。）

师：闭上眼睛，估计 1 分钟有多长，站起来表示 1 分钟时间到。

（老师表扬估算时间较准的同学。）

师：欣赏一段音乐，估一估，这段音乐播放了多长时间。

（学生听完后，争相猜测。）

生：1 分钟左右。

生：1 分半钟。

生：1 分 20 秒。

……

《一分钟有多长》一课，老师组织了"课前准备：1 分钟""数一数：1 分钟有多长""做一做：1 分钟能干什么"等学习活动，由具体活动，到抽象活动，学生在活动中发现和体验数学。

数学课堂不单纯是讲授的课堂，更应该是活动的课堂，学生在数学活动中思考、发现、猜测、验证、调整……从而发展数学思维。

二是自主探究的课堂。

有一句谚语：我听，我忘记了；我看，我记住了；我做，我学会了。课程标准指出：学生应当有足够的时间和空间经历观察、实验、猜测、计算、验证等活动过程。课堂不能急于教学生找答案，而是提出问题让学生谈想法，引导学生在实践中寻找答案。

下面，以《体积单位的换算》一课为例，谈谈如何引导学生在自主探究中认知。

体积单位的换算的关键是体积单位间的进率，告诉学生单位间的进率，学生也能根据进率进行换算。但是探究单位间的进率的过程更为重要，因为这是学生解决问题提高能力的过程，是培养学生创造能力的过程。

我是怎么让学生经历单位间进率的探究过程的？

请看下面的课堂描述。

上课了，我问学生 1 立方分米等于多少立方厘米时，学生脱口而出"10 立方厘米"，过了一会儿，发现不对，忙改口说"100 立方厘米"，又过了一会儿，有人说"1000 立方厘米"，甚至有人说"10000 立方厘米"。

在交流过程中，我发现：在学生的空间观念里，1 立方分米的正方体相当于 100 个 1 立方厘米大小的正方体，因此判定 1 立方分米等于 100 立方厘米；一部分学生的合情推理是，1 分米等于 10 厘米，1 平方分米等于 100 平方厘米，1 立方分米应该等于 1000 立方厘米。

当然，还有一部分没有发表意见、等着别人答案的学生。

如果我们直接告诉学生，学生也能理解 1 立方分米为何等于 1000 立方厘米，但会培养出越来越多的"不劳而获"的懒人，必须"逼迫"学生自己找答案。

找到答案的过程就是数学学习的过程和学生能力发展的过程，而不是教师知识奉献的过程。

"有什么办法才能知道 1 立方分米等于多少立方厘米？"我允许有困难的同学通过小组的力量找到答案。

我发现许多学生选择用 1 立方厘米的小正方体堆出一个 1 立方分米的正方体，看需要多少个小正方体，我想：应该是三年级学习面积单位进率的方法迁移发挥了作用。但很少学生用数学计算与推理的办法证明。

当学生提议用 1 立方厘米的小正方体拼出一个 1 立方分米的正方体来证实体积单位进率时，我提供了一个 1 立方分米的容器和十几个 1 立方厘米的方块给每个小组。很快，小组学生找到了答案：1 排摆 10 个，100 个小方块只能摆 1 层，1 分米等于 10 厘米，正好摆 10 层，想不到，1 立方分米的正方体可以装 1000 个 1 立方厘米的小正方体。

"利用学具操作实验的办法的确是好办法！"教师适时的评价是学习方法的导向。

从直观的层面探究体积单位的进率只是学习的底线，让每一个学生都能理解与掌握体积单位间的关系。五年级学生显然不能停留在直观学习层面。

　　"如果没有学具，你有办法证明1立方分米等于1000立方厘米，而不是100立方厘米吗？"我再一次组织小组探究学习。这一过程是非常有必要的，如果说用"拼"的办法求证1立方分米等于多少立方厘米是实验（实物形象）到抽象的过程，建立了生活与数学之间的联系，那么，再一次探究学习则是利用迁移、转化等方法，建立已知数学与未知数学之间的联系，这种联系在往后的学习中显得越来越重要。

　　学生很快找到了运用数学知识解决数学问题的方法：1立方分米的正方体体积=1分米×1分米×1分米，1分米=10厘米，那么1立方分米=10厘米×10厘米×10厘米=1000立方厘米。

　　探究体积单位之间的进率经历了以下几个环节：

　　（1）猜想。学生根据长度单位、面积单位间的进率以及不成熟的空间观念猜想。

　　（2）操作验证。通过在1立方分米的容器里堆1立方厘米的方块验证猜想，建立空间观念。

　　（3）数学证明。运用数学知识推理证明先前对体积单位间进率的猜想。

　　学生经历了猜想、验证、观察与思考的探究过程，体会生活与数学、数学与数学之间的联系，学生对体积单位间的关系的理解就深刻了。

　　三是实践运用的课堂。

　　数学从生活中来，又回到生活中去。一方面，数学教学培养学生在生活世界里从数学的角度发现问题和提出问题，从而解决问题的能力，获得数学知识与技能、方法与经验；另一方面，又要综合运用数学知识与方法解决简单的实际问题，增强应用意识，提高实践能力，体会数学的价值。

　　北师大版小学数学五年级上册有一数学实践活动课《旅游费用》，我已经上过三遍了，在教师的眼里，这一内容开放性强，对学生来说，是有挑战性的。但每次上到这一课，没有刻意的加工与装饰，学生总是兴致盎然，热情高涨，学习效率很高，完成相应作业的质量也出乎我的意料。

　　这节课吸引学生的是什么呢？

　　看了厦门湖里实验小学魏老师的一个案例，你能知道答案。

一、导入新课

师：同学们，你们喜欢旅游吗？

生：喜欢！

师：旅游最需要准备的是什么？

生：钱。

师：钱都花在哪些地方呢？

生：住宿、门票、交通等。

师：今天我们一起探讨"怎样更省钱？"

二、小组合作探讨

出示：长城旅行社推出的A、B两种优惠方案。

A景园一日游　　　　　　B景园一日游

大人每位160元　　　　　团体5人以上（含5人）

小孩每位40元　　　　　　每位100元

师：究竟选哪种方案比较省钱呢？

五人小组合作探究，先讨论方法，再把思考过程写在纸上。看哪个组最快。课件展示：

1. 笑笑打算和爸爸、妈妈、爷爷、奶奶一起去游玩，怎样买票省钱？（一、二组完成）

2. 淘气打算和妈妈、阿姨、弟弟、姐姐、妹妹一起去游玩，怎样买票省钱？（三、四组完成）

3. 乐乐打算和爸爸、妈妈、表姐、表哥一起去游玩，怎样买票省钱？（五、六组完成）

学生活动，教师巡视。

各组代表汇报，教师适时板书：

4大1小　　　　　选B方案

2大4小　　　　　选A方案

2大3小　　　　　选A方案

师：如果笑笑家和淘气家一起旅游，选择哪种方案省钱？

话音刚落，学生纷纷举手。

生：选B方案。

师：算算吧，看看到底哪种方案省钱。

生：不用算了，大人多，肯定选 B 方案。

师：如果小孩多呢？

生：那就要选 A 方案。

师：你们发现了省钱的秘密？

教师板书：

小孩多，选 A 方案；

大人多，选 B 方案。

师：你们不仅通过计算、比较、选择为三个家庭作出了较准确的判断，还通过认真观察、分析发现了规律，并加以运用，真厉害！

三、问题拓展

师：如果去 6 个大人 3 个孩子，肯定是选 B 方案最省钱，对吧？

生：对！

生：老师，还有 AB 组合方案。

师：（好奇）什么叫 AB 组合方案？

生：就是 6 个大人买团体票，3 个小孩买 A 方案票。

师：口说无凭，算一算，看看是否更省钱。

学生饶有兴致地算，发现真的更省钱。

师：是不是无论人数多少，选择 AB 组合最省钱？

生：如果大人达到或超过 5 人，选择 AB 组合更省钱。

师：如果去 4 个大人 7 个孩子，怎样选择最省钱呢？

生：大人才 4 个，应该选 A 方案。

师：还有没有更加省钱的方案？小组同学讨论。

小组讨论后，同学们争着举手，看来又有好办法了。

生：4 个大人和 1 个小孩子购团体票，剩下 3 个小孩选 A 方案。

师：看来我们同学都很有经济头脑，不仅掌握了基本方法，还能做到具体问题具体分析，灵活选择方案来达到最佳目的。

……

现代孩子都有跟着父母旅游的经历，"怎样更省钱？"既是生活问题，又是数学问题，容易引起学生的兴趣，而旅游费用的生活数学问题又具有一定的挑战性，是学生体验"学有价值"的一堂课。

原来，吸引学生进入数学学习的秘诀是生活问题的数学思考。

课程标准指出：学生学习应当是一个生动活泼的、主动的和富有个性的过程。认真听讲、积极思考、动手实践、自主探索、合作交流等，都是学习数学的重要方式。开展活动的课堂、自主探究的课堂、实践运用的课堂更加贴近儿童年龄特点与认知特点，从而提高了课堂教学的实效性。

策略一介绍完毕，儿童化的教学之术分为教学设计儿童化、教学过程和教学方式儿童化三个方法。这三个儿童化策略内容也有相融，但角度不一样。

教学设计儿童化是在课前准备时充分考量学生的学习水平和认知特点，设计最适合学生学习的教学方案；教学过程儿童化是指在课堂教学中关注学生的学习表现，顺学而教，充分利用学生资源，及时帮助解决学生的困难；教学方式儿童化是根据儿童的心理特点和认知特点，制定适合儿童认知的教学方式。

教材是"死"的，是编者提供给教师的教学内容与建议，它给教师留下了许多空间，让教师能根据学生的实际，通过教学设计、教学实施、教学方式儿童化改进教材，提高教与学的效益。

策略二
数学化的教学之道

　　数学是研究数量关系和空间形式的科学，这种数量关系和空间形式是脱离了具体的事物的，是形式化、抽象化、数学化的知识，它是科学家和数学工作者研究并经过论证的概念、图形、符号、关系等数学事实。数学家在探究数学知识时，总是从具体的生活现象与问题出发，发现数量关系及图形中的规律，从而进行数学抽象，用数学符号记录与表达数量关系与规律，使数学成为人们进行表达、计算、推理和解决实际问题的工具。

　　比如"把 8 个苹果分给 2 个人，怎样分公平？"这一生活原型，变成数学问题即"8 除以 2 等于多少？"，用符号表达：$8 \div 2 = 4$。而 8 除以 2 之所以等于 4，是经过实际操作（具体分），再借由 8、2、4 之间的关系（乘法口诀）计算得来的。这样的研究过程就是数学化的创造过程。

　　数学家的创造成果是让学生直接获取，还是让学生再创造，重走数学家的创造之路？这是教师需要思考的问题。数学知识已经摆在面前，为什么不告诉学生？直接告诉学生，学生很快就可以用数学知识解决实际问题。

　　裴斯泰洛齐说："教学的主要任务不是积累知识，而是发展思维。"数学学习的核心是思维与创造，发挥数学在培养人的思维能力和创新能力方面的不可替代的作用。

　　那么，学生不劳而获，直接占用数学家的数学研究成果，怎么能培养学生的思维能力与创新能力呢？弗赖登塔尔说："学习数学唯一正确的方法是实行'再创造'，也就是由学生本人把要学的东西自己去发现或创造出来。

教师的任务是引导和帮助学生去进行这种'再创造'的工作。"

因此，数学教学应创造条件，鼓励学生自己去探究与发现，重走科学家的数学研究之路，实现数学知识的"再创造"。

然而，学生"再创造"的过程中，需要发现问题、提出问题、探究问题，从而解决问题，在这一过程中，学生面临观察、实验、猜测、计算、推理、验证等挑战，毕竟小学生与科学家不同，需要教师的引导和帮助，才能达成有效的探究。

由此面临的问题是，教师如何引导与帮助学生"再创造"？

下面，从"形象与抽象""迁移与转化""联系与对比"三个不同侧面阐述数学化的教学之道。

方法 1 形象与抽象中互动

到了小学中年级，数学学习就出现两极分化的现象，数学成绩不合格的人数开始增加，为什么？

因为数学知识越来越复杂！

但学生年龄也在增加，心智更加成熟，也就是说学生的年龄和心智发展与数学知识的增长是成正比的。

基于这种认识，学生成绩不合格的人数不应该有明显的增加。

那么，问题出在哪？

成绩不合格的学生感觉数学越来越难学，越来越难就是越来越抽象，抽象的数学让学生害怕。

为什么学生觉得数学太抽象呢？

哦！形象与抽象之间没有搭起一座"桥"，致使形象到不了抽象，抽象回不到形象。

我们可以这么认为：数学学习就是从具体的生活原型出发，把生活问题变成数学问题，从特殊到一般、从形象到抽象的数学化过程。

有了这样的认识，学生成绩不合格人数增加的原因越来越显露出来。

一是形象思维没有发展好，影响了抽象思维的发展。形象与抽象就像人的两条腿，缺一不可，这两条腿一样长，才跑得快。学生感觉数学太抽象正是因为缺失形象的支撑。

二是从形象到抽象需要一个过程，就是抽象化的过程，这个过程是学生数学经验积累的过程。在小学低年级，更多的是学生实际操作和图形语言，在动作和图形中认知，建立丰富的表象，以此支撑符号语言的认知。到了高年级，实际操作少了，更多出现的是文字语言和符号语言。如果没有一定的经验积累，抽象太快，困难就产生了。

因此，应打开文字、符号、图形与动作语言的通道，从形象到抽象、从抽象到形象，让形象思维与抽象思维和谐互动，促进学生的数学学习。

下面一个案例很有代表性。

珑珑读二年级时，遇到了一道标有"※"的数学思考题：

当然成年人一看就明白，可珑珑怎么都不理解为什么有25个方木块。

靠讲是不行了，向读美术专业的女儿求助，女儿画了一个透视图帮助珑珑理解，可还是作用不大，珑珑坚持"一共有17个方木块"，因为她看到的只有17个方木块。

哦！珑珑的空间观念弱，她"看不到"隐藏在里面的8个方木块。

为了让她看到里面还有8个方木块，只好找来30个方木块，要求珑珑搭一个这样的模型。

珑珑按照图样好不容易搭好了，一个一个地数，数到25块。

"刚才没数到的8个在哪里？"我开始引导。

"躲到里面去了。"

"如果没有这8个，会出现什么情况？"

"大方块就会塌下去。"

"一个一个数，也是可以的，但是比较慢！我是这样数的，你看看有没有更快？"

我先数第一层，一排有3个，有3排，一共有9个；第二层与第一层一样有 9 个；第三层少 2 个，只有 7 个。9+9+7=25（个）。

"也可以一排一排地数，第一排有 7 个；第二排与第三排都比第一排多 2 个，7+9+9=25（个）。"显然珑珑已经理解了我的方法，并且创造了新的计算方法。

"如果缺口处补上两个，一共有多少个方木块，可以怎么算？"

"一层 9 个，三层就有 27 个，三九二十七。"

"我拿掉 2 个，现在一共有多少个方木块？"

"当然是 25 个了，27-2=25（个）。"

"唉！27 个哪来的？"

"27 就是没有缺口时的，缺了 2 个，就减去 2，等于 25 个。"

"想一想，刚才我们用了几种方法计算方木块的个数？"

……

皮亚杰说："传统教学的缺点，就在于往往是用口头讲解，而不是从实际操作开始数学学习。"在这个案例中，学生看不到里面的 8 个方木块，靠教师的讲解是不起作用的，唯一正确的方法是让孩子去搭方块，经历实物—图形—符号的抽象过程，也就是形象到抽象的思维过程，这一过程所用的时间，对于像珑珑这样的学生来说，是不能省去的，因为没有形象，抽象就会成为空谈。

然而只有形象，没有抽象，学生的思维能力也得不到发展。当珑珑通过"搭"看到了隐藏的 8 个方木块时，还是一个一个地数，说明她还没把具体的"情境"与数学的知识（求几个几的乘法）建立联系，教师的引导就至关重要了。一层一层地数、一排一排地数，补上缺口数再减等数学思考培养了学生的思维能力与创新能力。

儿童的认知总是从形象开始，然后逐步抽象，当学生在抽象化、形式化过程中遇到困难，借助形象来打通抽象化与形式化的道路是一种不错的选择。

儿童发现数学规律和认识数学概念总是靠"具体实例"和"直观特征"，也就是从特殊到一般来认知。比如《积的变化规律》一课，教师根据儿童的这一认知规律，通过具体的实例的比较发现积的变化规律。

出示两组算式：

2×6=1　　　　　80×4=320

20×6=120　　　40×4=160

200×6=1200　　20×4=80

思考：因数有什么变化？积又有什么变化？

得出：两个数相乘，一个因数不变，另一个因数乘几，积也乘几。

如果仅以两个实例证明积的变化规律，还不足以让学生信服，老师再进一步通过先猜后算的方式证明规律。

先用积的变化规律填空，再用笔算或计算器验算。

26×48=1248　　17×12=204

26×24=（　　）　17×24=（　　）

26×12=（　　）　17×36=（　　）

通过验算，进一步证实积的变化规律。

一般的规律是否能穷尽所有的具体实例呢？我们又如何更有效地理解积的变化规律呢？

1.图示法：

2.生活事例：一个苹果8元，3个苹果24元，9个苹果呢？

列式：8×3=24，8×9=24×3。

通过图示与生活事例，打开了学生的思维，对积的变化规律作了有力的证明。

当学生的抽象遇到困难的时候，可让学生通过形象（画图或操作）来打通抽象之路。当学生的抽象积累到一定程度时，直观教学反而不利于学生"再抽象"能力的培养。

苏霍姆林斯基说："不要过分追求直观，课堂里挂满直观教具，这会阻碍抽象思维的形成。"没有直观教具不等于学生没有形象，如解决"用60厘米长的铁丝围成长是5厘米，宽是4厘米的长方体框架，这个长方体的高是几厘米？"这类问题，学生是不是要亲自用铁丝围呢？大部分学生看完题目就已经有了解题策略，因为他们心中已有长方体框架，通过心中的长方体框架分析：总长减去四个长和四个宽，等于四个高，除以 4，就是长方体的高；或者学生已知"（长＋宽＋高）×4＝棱长总和"倒推出"棱长总和 ÷4－长－宽 ＝ 高"。

低年级教学注重从直观操作开始抽象化学习，抽象化知识的积累为新知识的创造提供了可能。到了高年级，抽象遇到挑战时，还有哪些方法帮助学生战胜新的挑战呢？

五年级下册《分数除以整数》案例给我很大的启发。

如果没有图形语言的指导，学生学习" $\frac{4}{7} \div 2$ "和" $\frac{4}{7} \div 3$ "的计算是有困难的，有些学生甚至会想： $\frac{4}{7} \div 2 = \frac{2}{3.5}$ ，通过图形表征" 4 个 $\frac{1}{7}$ 平均分成 2 份，每份是 2 个 $\frac{1}{7}$ ，是 $\frac{2}{7}$ "，学生就容易理解了。

但如果只追求使用图形语言帮助学生理解，那么，前面所学的数学知识就永远用不上，数学学习的价值就不能得到体现。

当学生知道"分数除以整数，只要分子除以整数，分母不变"时，"$\frac{4}{7} \div 3$"就给学生制造了麻烦，分子 4 除以 3，是一个无限小数，怎么办呢？这就需要把 $\frac{4}{7}$ 变成一个分子能被 3 整除，但结果不会变化的分数，这时五年级上册学习的分数基本性质就发挥了作用，把 $\frac{4}{7}$ 变成 $\frac{12}{21}$，$\frac{12}{21} \div 3 = \frac{4}{21}$。

或者把 3 变成 1，前一节课学习的倒数知识就派上了用场，$3 \times \frac{1}{3} = 1$，除数 3 乘以 $\frac{1}{3}$，为了使商不变，被除数 $\frac{4}{7}$ 也要乘以 $\frac{1}{3}$，商不变的性质又起到了作用，$\frac{4}{7} \div 3 = (\frac{4}{7} \times \frac{1}{3}) \div (3 \times \frac{1}{3}) = \frac{4}{7} \times \frac{1}{3}$，从而得出"分数除以整数，等于乘以这个数的倒数"的计算方法。

教师引导学生科学地理解概念或方法，既要建立生活与数学的联系，还应重视数学与数学之间的联系，努力促使学生从日常生活的理解发展到数学的理解。

形象思维与抽象思维就像人的两条腿，不能一条腿长，一条腿短，只有两条腿和谐发展，走起路来才会直，跑起步来才会快。

发展形象思维，可以促进抽象思维的形成；当抽象遇到困难时，需要退回到形象思维。当形象思维发展到一定程度时，抽象才有可能发生；当抽象思维发展到一定阶段时，借助原来的抽象，可以帮助学生进入更深层次的抽象。

方法 2　迁移与转化中变通

如果一个学生感觉数学很难，让他拥有学习数学的兴趣与爱好，是很难的。

兴趣的基础是"学会"，学生能学会，才有学下去的理由，才谈得上激发学生的兴趣。

然而，许多学生确实感受到数学很难，甚至有些学生早早就失去了数学学习的信心。

因此，如何使学生能"学会"，是老师的基本责任，也是首先要思考的一个问题。

其实，数学真的很简单！只是学生没有体会到而已。要让学生体会到数学的简单，引导学生运用迁移或转化的思想与方法是不错的选择。

迁移是先前的学习或问题解决对当前学习或问题解决的影响，其影响有正影响和负影响，称为正迁移和负迁移。转化是使新知或比较难的问题，变为熟知的或已经能够解决的问题，从而学会新知和解决问题。

迁移与转化在数学学习中几乎天天用上，是学习新知和解决问题最为重要的数学方法，掌握迁移与转化的数学思想与方法，对学生的数学学习能力和解决问题的能力的提高具有重要的意义。

如何运用迁移与转化的思想与方法，帮助学生数学化地创造呢？

看了《分数混合运算》的例子，你一定能体会到数学学习的"简单"。

例题为：小刚九月份用水 12 吨，比八月份节约了 $\frac{1}{7}$，八月份用水多少吨？

对于老师们来讲，这道题不是难题，可对于学生来说，这个问题出现错误的比率却不小。

为了解决考试问题，许多老师想出了自己的"绝招"，教学生学会套用公式：对比量除以分率等于单位"1"的量（标准量），"比八月份节约了 $\frac{1}{7}$"就是把八月份的量看作标准量，节约了 $\frac{1}{7}$，分率就是 $\frac{6}{7}$，求标准量，就用 12 除以 $\frac{6}{7}$。

是呀！学生会做，就说明学生理解了吗？

不一定！学生感觉特别难理解，始终弄不明白为什么用 12 除以 $\frac{6}{7}$。

怎么打开学生的这个"结"？

智慧教师总能把复杂问题简单化，把复杂的东西变简单，"变"了就"通"了。

怎么变呢？

每一道比较复杂的数学问题都是由原来学过的简单问题发展而来的，智慧教师总是善于寻找新旧知识的切入点，那么，这个切入点是什么？

我们来找找看看，哪些已学的知识能提供帮助？

1. 小刚九月份用水 12 吨，比八月份节约了 2 吨，八月份用水多少吨？

一年级学生能解的容易题与五年级学生学的"难"题只有"$\frac{1}{7}$"与"2 吨"的不同，数量关系完全一样：

八月份的用水量 － 相差量 ＝ 九月份的用水量

九月份的用水量 ＋ 相差量 ＝ 八月份的用水量

八月份的用水量 － 九月份的用水量 ＝ 相差量

学生只要理解"$\frac{1}{7}$"的实际量，也就是谁的 $\frac{1}{7}$，就变成了一年级能解的题了，课堂教学就变得简单多了！

2. 小刚九月份用水 12 吨，是八月份的 $\frac{6}{7}$，八月份用水多少吨？

这是五年级"分数除法"单元能解的题，与现在例题的不同点在于"比八月份节约了 $\frac{1}{7}$"与"是八月份的 $\frac{6}{7}$"的文字表达不同，而意思完全一样。课堂教学的聚焦点放在"比八月份少 $\frac{1}{7}$ 就是八月份的 $\frac{6}{7}$"的理解上，问题就迎刃而解了。

那么，课堂教学的聚焦点是帮助学生理解 $\frac{1}{7}$ 的实际意义，理解了 $\frac{1}{7}$ 的实际意义，根据前面所掌握的方法解题，问题就变得简单多了。

当我们教学新的内容时，首先考虑前面所学的知识，哪些是有关联的，与新知有关联的旧知对新知的学习有什么帮助，然后利用有关联的旧知迁移到新知，帮助学生更好更快地理解新知。

掌握了新的知识，目的是为下一个有关联的新知作好准备，或者说是为了能够顺利地往下学。在利用旧知实现向新知的迁移外，还不能忽视当前新知的学习对后续新知的学习所产生的影响。从这个意义上说，教学是为迁移而教，为迁移而学。

下面以三年级《分数的初步认识》为例，谈谈对前迁移与后迁移的关注与运用。

《分数的初步认识》是三年级上册教材内容，是分数模块内容的起始课，许多老师都上过公开课，我也听过了很多次。教学环节大致相同。

1.分数的产生。

（1）把6个饼平均分给2个小朋友，每人分（　　）个。

（2）把2个饼平均分给2个小朋友，每人分（　　）个。

（3）把1个饼平均分给2个小朋友，每人分（　　）个。

这"半个"该用什么数来表示呢？

2.认识"几分之一"。

（1）认识"$\frac{1}{2}$"。通过饼图操作，把一个饼平均分成2份，每份用$\frac{1}{2}$表示。

（2）认识"$\frac{1}{4}$"。通过饼图操作，把一个饼平均分成4份，每份用$\frac{1}{4}$表示。

（3）认识$\frac{1}{3}$、$\frac{1}{5}$等。

（4）总结，像$\frac{1}{2}$、$\frac{1}{4}$、$\frac{1}{3}$、$\frac{1}{5}$等，都是分数。并教学读写法和各部分名称。

3.拓展练习。（略）

听了几次《分数的初步认识》课，引发了我五点思考：

第一，通过把6个、2个、1个饼平均分成2份，求每份是多少，强调把1个饼平均分成2份，每人分得半个饼，这半个饼该用什么数表示，从而产生了分数学习的需要。但从数学的前后知识的联系考虑，6个、2个、1个饼平均分成2份，每一份也可以说是6个饼的$\frac{1}{2}$、2个饼的$\frac{1}{2}$、1个饼的$\frac{1}{2}$。当然，认识分数之前，学生的前概念是6个饼的一半、2个饼的一半、

1个饼的一半。如果过分强调"1个饼平均分成2份"才需要分数，必然对今后学习"率"的分数留下隐患，成为"负迁移"产品。

第二，把6个、2个、1个饼平均分成2份，求每份是多少，用除法计算，那么，就要重视除法与分数之间的关系。虽然除法与分数之间的关系内容安排在五年级学习，但也不应该把两者割裂开来，提前感知有利于为今后学习分数与除法关系积累经验，也就是有利于为今后的学形成"正迁移"。

第三，认识分数时，教材与教师为什么要强调"它的几分之几"？之所以要强调"它的几分之几"，就是因为同样的分数，它表示的实际量可能是不一样的，如不同物体或者同一物体却不同大小、形状，平均分成若干份，其中的一份，其大小是不一样的。但学生却没有引起重视，老师总是一遍一遍地强调"它的几分之几"。如果学生能认识到"它的几分之几"，对后续分数问题的学习是很有帮助的。怎么样使学生也能认识"它的几分之几"呢？

第四，教材中有一道题：下面图形涂色部分能用分数表示吗？学生的回答是：不能，因为没有平均分。学生想到的是涂色的一份，空白的一份，涂色的一份与空白的一份不一样多，所以不能用 $\frac{1}{2}$ 表示，却想不到可以用 $\frac{1}{4}$ 表示。那么，教师不能停留在"不能用分数表示"这一层面上，而应作进一步引导，打开学生的思维，这对后续学习是有帮助的。

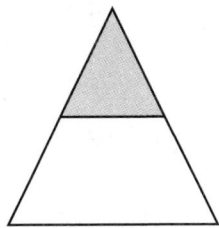

第五，数学教学不是把学生的思维关在笼子里，而是要想办法打开学生的思维，让学生学会"变通"，如对下面的题作些改变，效果就不一样了。

用分数表示图中的涂色部分。

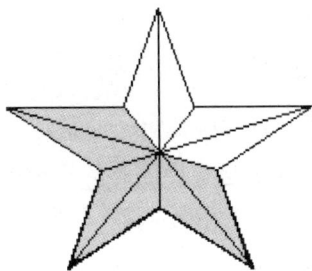

　　数学知识的学习，既是在原有认知水平基础上的再认知，更是为后认知作好充分的准备，打下坚实的基础。为此，教师不能教在当下，要放眼未来，为实现未来有效的迁移而教。

　　学生在解决数学问题遇到困难时，转化是一种很好的策略。把复杂的问题变成简单的问题，把新知转化为旧知解决问题并找到新的方法。学生一定要有这一强烈的意识。

　　下面以《一个数是另一个数的几分之几》一课为例，学生理解两个量之间的分数关系出现了困难，教师应该如何破解这一难题？

　　学生学习《分数的意义》一课时通过"分一分"的操作或"画分数"活动，理解分数的概念：把一个整体平均分成若干份，其中的一份或几份，可以用分数表示；通过"把一个物体平均分成几份，求每份是多少？"的问题探究，建立分数与除法之间的联系。

　　求部分量占总量的几分之几的分数问题因为有了分数的意义支撑，学生理解比较容易。如：山娃家一共养了8只鸭子，卖了6只，卖的占总数的几分之几？学生解决问题可根据分数的意义：把8只鸭子平均分成8份，卖出的6只鸭子是其中的6份，卖出的占总数的$\frac{6}{8}$。

　　然而，求两个量之间的分数关系是摆在学生面前的一道坎。如：山娃家一共养了6只羊，8只鸭子。羊的只数是鸭子的几分之几？学生就犯难了：羊怎么能占鸭子的几分之几呢？

　　有没有前面学的知识与求一个数是另一个数的几分之几是一脉相承的？

　　有的！

　　求一个量是另一个量的几分之几就是求两个量的倍数关系，只不过对比量是小数，标准量是大数。如男生是女生的2倍，也就是女生是男生的$\frac{1}{2}$；苹果是香蕉的1.5倍，也可说苹果是香蕉的$\frac{3}{2}$，反过来，香蕉是苹果的$\frac{2}{3}$。大数与小数比，求几倍，小数与大数比，就不说几倍，而是几分之几。

　　聪明的教师不会另起炉灶，总是想办法与学生已有的知识建立联系，利用旧知帮助学生理解与掌握新知。二年级的"倍数关系"问题就产生了作用。

　　请看课堂写真。

师：（出示问题）山娃家有 2 只羊，1 只鸭，羊的只数是鸭的几倍？

生：2 倍。

师：列式是……

生：2÷1=2。

师：鸭的只数是羊的几倍，如何列式？

生：1÷2=$\frac{1}{2}$，$\frac{1}{2}$ 倍。

生：老师，好像没有叫 $\frac{1}{2}$ 倍的吧！

师：鸭的只数比羊的只数少，是羊的只数的一半，或者说鸭的只数是羊的 $\frac{1}{2}$。但也表示两个数的倍数关系。

（师再出示第 2 题：山娃家有 3 只羊，2 只鸭。）

师：你能提出一个求倍数关系的问题吗？

生：羊的只数是鸭的几倍？列式是 3÷2=$\frac{3}{2}$，也可以说 1.5 倍。

生：鸭的只数是羊的几分之几？ 2÷3=$\frac{2}{3}$。

师：为什么不说"鸭的只数是羊的几倍"呢？

生：鸭的只数比羊的只数少。

师：对了！无论求一个数是另一个数的几倍，还是求一个数是另一个数的几分之几，都是求两个数的倍数关系，用除法计算，商是整数，用"几倍"表示，商是分数，用"几分之几"表示。

数学教学应该重视"前认知"对"新认知"的影响，有效利用好"前认知"，发挥"前认知"的迁移作用，促进学生"新认知"的学习。但应该注意的是，在学习迁移过程中，要排除学生的惯性思维对"新认知"学习的干扰。

在数学学习中，学生遇到新问题、新的困难，往往把它变成图或转化成已学的知识，从而找到新的规律或更加科学简单的新方法。

学生需要迁移与转化的数学思想与方法，这是提高学生解决问题能力的必经之道。

方法 3 ||| 联系与对比中聚焦

每一个人在这个世界上不是孤立存在的，每一节课的数学知识也一样，与其他数学知识有千丝万缕的联系，数学知识间互相影响与支撑。

数学知识间有联系，但每一个知识点都有其各自特征。认识一个事物，需要找出这个事物的关键特征。怎样才能比较快地聚焦事物的关键特征呢？最好的办法就是选择一个与其相似的事物进行对比，事物的特征就显现出来了。

数学课程标准指出：体会数学知识之间、数学与其他学科之间、数学与生活之间的联系。在有联系的数学知识中，每个知识都有其个性特点，需要加以区别。

数学学习不就是在联系与对比中认知吗？

建构主义认为：学生是信息加工的主体，是意义的主动建构者。教学如果简单强硬地从外部对学习者实施知识的"填灌"，学生只能遵从，而不是"心服"。教学应该与学习者原有的知识经验建立联系，把原有的知识经验作为新知识的生长点，引导学生从原有的知识经验中产生新的知识经验，在新旧知识的联系与比较中主动建构。

"除数是两位数的除法"这一单元的公开课，至今令我记忆深刻。

宋老师要上一节公开课，执教人教版小学四年级"除数是两位数的除法"单元的第二课：《笔算除法》。

很少老师上公开课会选计算课，宋老师勇气可嘉。

例题是：84 本连环画，每班 20 本，能分给几个班？

出示例题后，列出：$84 \div 20$。宋老师大胆地让学生尝试笔算，并让几个学生在黑板上板演。出现了几种竖式：

```
      40              4              42
20 ) 84        20 ) 84        20 ) 84
     80              8               8
  ───────        ───────         ───────
      4               4              4
                                     4
                                 ───────
                                     0
```

学生的错误是教学的宝贵资源，问题是：老师无论怎么强调"商应写在个位上""第一步要看前两位"，学生还是我行我素。以老师布置的下一题为证：

【思考】学生反复做错背后的原因是什么呢？

人们在解决问题时，口算遇到了困难，科学家发明了笔算，笔算是加减乘除过程的符号化表达方式，也是最为简单的数学表达方式。"84÷20"的笔算过程就是"84本连环画，每班20本，能分给几个班？"的"分连环画"的过程，如果借助小棒图分一分，然后用竖式把分的过程"记录"下来，学生还会出现上面的问题吗？

看来，学生缺乏"分一分"的数学活动经验。

在二年级学习除法的时候，就从"分一分"开始出发，经历从"分"到"画"，再抽象化、符号化的过程，学习除数是一位数的笔算方法。学生应该拥有丰富的"分一分"的活动经验，为什么笔算时还老是出现错误呢？

答案开始显现了，原来，数学内容是分离的、割裂的，老师并没有把它们联系起来。如果教学除数是两位数的第一课《口算除法》能够瞻前顾后的话，笔算除法的学习是否不用经过那么多的周折呢？

我找来本单元第一节课内容《口算除法》认真研读。

我想：教材通过"有80面彩旗，每班分20面，可以分给几个班？"的现实情境问题建立数学与生活的联系，可以发挥两个作用：一是学生解决现实情境问题感受算的价值；二是现实问题背景帮助学生理解算理与算法。那么，以前学的除数是一位数的除法对学生的学习又会有什么帮助呢？是否也可以通过建立数学与数学之间的联系帮助学生学习新知呢？

我又想：口算除法是为了培养学生算的技能，还有什么目的呢？哦！它还是后面学习笔算除法的一个重要基础，为笔算除法的学习积累经验。在掌握口算技能的前提下，怎么让学生积累丰富的经验，给后续学习作好充分的准备呢？

基于以上两点思考，教学策略逐步显现出来：

一、比一比，看谁算得快！

$8 \div 2 =$

$80 \div 2 =$

$80 \div 20 =$

【思考】前面两道口算题是 $80 \div 20$ 的基础，相信学生有自己的答案，可能学生的答案是4，也可能是40，也可能是400，这些答案都是基于已知的上面两道口算题的合情答案，学生口算结果的碰撞，激发了学生的欲望：到底等于多少？揭示除数是两位数的口算除法的问题。这一口算组合的另一个意图是让学生初步感知被除数与除数的变化，商的变化规律，为后续学习商不变的规律积累经验。

二、议一议，看谁找到方法！

1. 现实问题引导探究。

有80面彩旗，每班20面，可以分给几个班？列式：$80 \div 20 = ?$

2. 小组讨论，理解算理。

预设学生的想法：

（1）分一个班20面，还剩60面；分两个班40面，还剩40面；分三个班60面，还剩20面；再分一个班，刚好分完；一共可以分给4个班。$80 \div 20 = 4$。

（2）80面等于4个20面，可以分给4个班。

（3）80是8个十，20是2个十，因为 $8 \div 2 = 4$，所以 $80 \div 20 = 4$。

学生汇报时，借助小棒经历分（除）的过程。

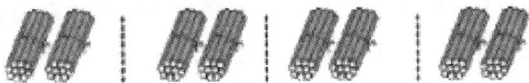

3. 把分的过程用竖式表示出来。

$$
\begin{array}{r}
4 \\
20\,\overline{)\,8\,0} \\
8\,0 \\
\hline
0
\end{array}
$$

【思考】把数学问题"80÷20=？"变为现实问题，建立数学与生活的联系，便于学生有"物"探究；借助分小棒帮助学生理解80÷20等于4，而不是40、400。把分的过程用竖式表示出来，为后续学习笔算除法作好准备。

三、算一算，看谁做得快！

1. 6÷3=　　　　14÷2=　　　　28÷4=　　　　45÷9=

　　60÷30=　　　140÷20=　　　280÷40=　　　450÷90=

2. 180÷30=　　　270÷90=　　　420÷60=　　　210÷30=

　　183÷30=　　　275÷90=　　　420÷59=　　　210÷28=

【思考】第1题中的每一组练习，学生借助"6÷3=2"推算出"60÷30"也会等于2……感受被除数与除数同时扩大到10倍，商不变的规律。

第2题起着承上启下的作用，通过练习，相信学生在下一节课学习"92÷30=？"和后续"五入"试商的笔算除法不会存在太大的困难。

从《除数是两位数的除法》案例得出了这样一个结论：学习新知是为了解决旧知背景下产生的新问题，也是为了给后续学习作好准备，奠定学生能顺利地往下学的基础。

因此，在教学设计、课堂教学中都要有"联系"的意识，建构有联系的、瞻前顾后的数学课堂。

我们再从方程法与算术法深入讨论"联系与对比"方法的重要性。

如果问学生：方程法与算术法，哪个更好？可能大家都会选择算术法，因为学生习惯于使用算术法。

小学阶段的数学问题不太复杂，许多学生能用算术法解决问题，对于能用算术法解决问题的学生来说，只有明确要求用方程法解，学生才会按要求做。否则，还是运用算术法解题。

笛卡尔：首先把宇宙万物的所有问题都转化为数学问题；其次，把所有的数学问题都转化为代数问题；最后，把所有的代数问题都转化为方程问题。方程是初中数学学习非常重要的内容，也是解决较复杂问题的重要方法。

让学生感受方程的作用，是小学阶段数学教学的一个重要任务。

在第一编"教有用的数学"中谈到方程的作用，这里尝试运用"比较法"学习"相遇问题"，让学生体会算术法与方程法的作用。

出示问题：A.淘气步行速度为 70 米 / 分，笑笑步行速度为 50 米 / 分，两人同时从家里出发相向而行，7 分钟相遇。淘气到笑笑家相距多少米？

学生都根据下面的数量关系式列式计算：

淘气步行的路程 + 笑笑步行的路程 = 总路程

$70 \times 7 + 50 \times 7 = 840$

师：如果这道题条件和问题对换，你能编一道题并解答吗？

学生编出以下几道题：

B.淘气到笑笑家相距 840 米，两人同时从家里出发相向而行，淘气步行速度为 70 米 / 分，笑笑步行速度为 50 米 / 分。多少分钟两人相遇？

C.淘气到笑笑家相距 840 米，两人同时从家里出发相向而行，7 分钟相遇。淘气步行速度为 70 米 / 分，笑笑步行速度是多少？

D.淘气到笑笑家相距 840 米，两人同时从家里出发相向而行，7 分钟相遇。笑笑步行速度为 50 米 / 分，淘气步行速度是多少？

学生有些用算术方法，也有些用方程解，但用算术方法解的学生中，有些遇到了困难，无从下手，这正是我需要的。这时，提醒学生尝试用方程解，体验方程解的作用。

算术法：

A.淘气步行的路程 + 笑笑步行的路程 = 总路程

$70 \times 7 + 50 \times 7 = 840$

B.路程 ÷（淘气的速度 + 笑笑的速度）= 时间

$840÷（70+50）=7$

C.（路程 - 淘气步行的路程）÷ 时间 = 笑笑的速度

$（840 -70×7）÷7=50$

D.（路程 - 笑笑步行的路程）÷ 时间 = 淘气的速度

$（840 -50×7）÷7=70$

方程解：

A. 淘气步行的路程 + 笑笑步行的路程 = 总路程

B. $70x+50x =840$

C. $70×7+7x=840$

D. $7x+50×7=840$

师：你喜欢用算术法还是方程法解？

生：按题目顺着想，用方程法解；用算术法要逆着想。

生：列方程还要设未知数，挺麻烦的！

生：我觉得这么简单的题不必要用方程。

生：算术法解，有时候难！方程法解除了多写字，真的简单！

师：几道题的算术法用的数量关系不相同，方程法呢？

生：都是用一个数量关系。

师：在一个情境下，不管条件与问题怎么变化，方程法解只需要一个顺着想的等量关系，就可以解决不同的问题。而算术法解，不同的问题要用不同的等量关系，逆着想的时候，等量关系就容易出错。

……

方程之所以会出现在数学世界里，肯定是有需求的。当"前认知"（算术法）出现困难时，就需要新的数学方法（方程）解决问题，因此，方程一定有与算术法不同之处和优势。

要让学生感受方程的优势作用，最好的办法就是把两者放在一起比较，它们有何相同之处和不同之处？各自有何优势？相信学生会根据自己的需要作出正确的选择。

如果世界上只有一个物体，这个物体就没有特征可言，如果有两个或两个以上不同的物体，那么物体就有了特征。

下面以《图形的认识》为例，谈谈如何有效利用"比较法"，提高学习效率。

如果把认识长方体、正方体、圆柱、球等立体图形分割开，组织图形教学，学生很难找到图形的特征。如果把长方体、正方体、圆柱与球放在一起观察，特征就很明显了。

因此，认识物体与图形的最好方法是：对比教学。对比分为静态对比与动态对比，静态对比能很快找出各个图形的特点，动态对比能感受各图形之间的关系。

在北师大版小学数学二年级下册"认识图形"单元中，《长方形与正方形》作为一个课时，《平行四边形》单独一个课时，如果三个图形的学习放在一个课时，效果会更好。

1.通过折一折、量一量等活动，发现三种图形的相同点是对边相等，对角相等；不同点是平行四边形四个角中两个是钝角、两个是锐角；长方形和正方形四个角都是直角；正方形四条边都相等。

2.通过实物演示或课件演示，领会三种图形的关系。

（1）借助平行四边形实物框架，拉动平行四边形，发现当平行四边形内角是直角的时候是长方形。

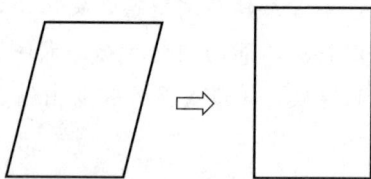

（2）借助课件演示，当长方形不断变短，发现当长方形的长和宽相等时是正方形。

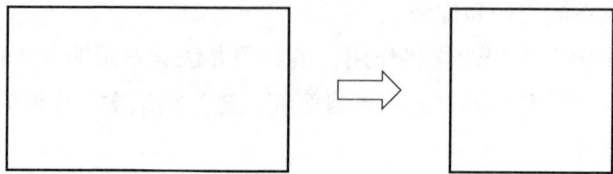

（3）揭示三种图形之间的关系。

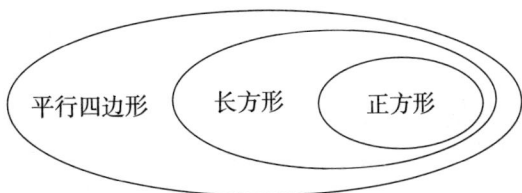

【思考】在五年级上册"图形的面积"单元，教学平行四边形、三角形、梯形的面积时，每一个图形都是与旧知图形建立联系，通过比较推导出新知图形面积的计算方法。如三角形面积公式的推导，是把三角形变成已知面积图形——平行四边形或长方形，通过比较两者的底和高、面积，找出三角形面积的计算方法。

然而，老师们容易忽视的是，三种图形之间还有深层次的联系，无论求哪种图形的面积，都可以用其中一种图形的面积公式解决问题。可以通过图形的变化，让学生领悟到这一点。

1. 梯形上底不断缩小，缩小到一点时，就变成了三角形，可把三角形看成是上底为 0 的梯形。

2. 梯形上底不断扩大，扩大到与下底等长时，就变成了平行四边形，可把平行四边形看成是上下底等长的梯形。

如果把平行四边形、三角形、梯形的面积计算看作是三个知识点，那么其中一个图形面积的计算公式能把三个知识点串起来，就成为一个整体，这个整体才是知识。

如果几十颗珠子散落在地上，捡起来很花时间，如果是一根线串起来的几十颗珠子，让它们回到盒子里就简单了。但这几十颗珠子不会一样的，需要区分才能很快找出它们各自的特点。

2011 年版课标指出：数学知识的教学，要注重知识的"生长点"与"延伸点"，把每堂课教学的知识置于整体知识的体系中，注重知识的结构和体系，处理好局部与整体的关系，引导学生感受数学的整体性。在数学教学中，沟通整数、小数、分数、百分数的关系，各图形面积、体积间的关系，小数加减乘除法与整数加减乘除法的关系，整数问题、分数问题、百分数问题间的关系……使数学课堂教学简单而有效。

策略二讨论完毕，策略二给我们支了三招，这三招有交叉，也各有侧重。

第一招是形象与抽象中互动，从学生数学认知规律的角度分析形象思维与抽象思维的关系；第二招是迁移与转化中变通，从数学知识的前后关系的角度讨论如何让数学学得简单；第三招是联系与对比中聚焦，从数学局部与整体、局部与局部的关系角度讨论如何在联系与对比中聚焦数学的本质。

数学化的教学目的有三：

一是培养学生的数学意识，运用数学的思维方式思考，增强发现和提出数学问题的能力。

二是体会基本的数学思想与方法，提高分析与解决问题的能力。

三是在获得解决问题的方法的过程中，发展学生的创新意识与创新思维。

策略三
前置式的教学之变

多次上评优课获奖，为青年教师上示范课，名声在外，但我在担任学校中层或校级领导的几年时间里，总是挺不直腰杆，所任教班级的学生成绩不够出色，没有了以前单纯在一线岗位任教时的自信。

有时，我会自我解脱，为自己找理由，担任中层或校级领导，主要以学校工作为重，班级教学自然受到影响。但这理由似乎又站不住脚，当了中层或校级领导，总课量减少了，也就是班级教学负担减轻了，教学成绩为什么受影响呢？

以前，我是怎么提高班级学科成绩的呢？哦！单纯在一线岗位任教时，除了规定的课堂教学时间外，有时间为学生另起"炉灶"，然而，担任中层或校领导后，与学生的交流主要在学校安排的规定课时里。如果规定课时外没为学生另起"炉灶"，在一线岗位上任教班级成绩也会打折扣。

因此，可以推断，问题没有解决在课内。

怎样才能把问题解决在课内呢？

要找到把问题解决在课内的教学策略，首先应该对以往习惯的教学方式进行微观分析，主要存在以下几个问题：

第一，上完课后，教师不清楚哪些学生掌握了课堂上所学的知识，哪些学生还没有理解与掌握。学生学习信息反馈非常重要，它是教师调整教学方法、提高教学效率的重要依据，学生的信息反馈渠道主要有两条：一看课堂上学生的发言情况，但老师却无法判断没有发言学生的情况；二看学生的家庭作业，但要等到第二天作业上交批改后才得到一些反馈，即使作业批改后得到了反馈，也不是非常准确，因为作业是在家里做的，学生做了多少时间，是不是自己独立完成的，都是个未知数。

要准确地掌握每一个学生的课堂学习情况，唯一的办法就是把课后作业前置，课堂上观察学生独立做作业的准确度，并及时发现问题，及时把问题解决在课内。

第二，对于新的内容，学困生难以进入，因为他们根本没有学得会的基础，教学中又不能降低内容的难易度，降低内容的难易度，对于大部分学生来说是不公平的。因此，每节课的教学，学困生在做旁观者，他们为了引起老师的关注，有些故意制造点麻烦，慢慢地成了课堂的"麻烦制造者"。为了把学困生"扶"上去，老师只好利用课余时间给他们补课，但是补课也不是长久之计，老师的课余时间有限，无法做到每节课都补；再者，学困生课堂学习存在很大困难，课后再花一样的时间补，也没有能力学会课堂学不会的内容。因此，这样的补课成本太高。

解决问题的最好办法就是让学困生也能参与课堂学习，想办法提高学困生理解与掌握新知的资本，那就是把课后补课变为课前补课，补学生能理解与掌握新知的基础。

第三，虽然备课备得很全面、到位，课堂上也能完成备课的意图，但学生会的、不会的、能学的内容都按教师的预设过程进行，学生跟着老师"走"和"跑"，学生会了的觉得无趣，不懂的也不用多想，老师与其他同学会告之；在教师心里，每一个教学环节都很重要，但在学生心里，什么都重要，就等于什么都不重要了，在老师的带领下，晕晕乎乎、不明不白地走了一回。上课时，一个环节接着一个环节地过，感觉基本学会了，但真正独立解决问题却无从下手。

怎么样做到学生会了的不教，能学的不教，教师专教学生不会又学不会的？要做到这一点，就要准确判断学生哪些是会的，哪些是能自己学的，哪些还学不会；就要变过去学生跟着老师走为学生先试先学，教师要帮助学生解决的是学生先试先学后留下的问题。

为此，"前置式"课堂教学策略应运而生了。

方法 1 从先教向先学转变

女儿是游泳能手，在 50 米长的泳池里能一口气游 35 个来回，让我感到意外与吃惊，这得益于小学三年级时参加了暑期游泳培训班。

第一次学习游泳，教练教了一些游泳的基本常识，就要求几个学员下水，虽然有几个教练在水中保护，但孩子们却不敢往下跳，无论教练怎么鼓励都无济于事。主教练见此状况，走上岸，趁其不备，一个个地把他们推了下去，几个孩子喝了几口水，本能地用手拍打水面，几个教练从后面抱着孩子，开始教孩子熟悉水性……

我问教练："为什么不在岸上先教孩子怎么游泳，而先下水？"

教练说："在陆地教孩子游泳，永远都学不会！"

"你不怕孩子有危险？"

"喝点水没关系，学游泳的孩子，谁没有呛过水？"教练神情淡定。

是呀！山洞里是否有宝物，有什么宝物，不进山洞里，怎能知道洞里的秘密呢？

还是把学生推下水去，在水中学游泳；勇敢地摸进洞里，去探究洞里的秘密；大胆地尝试解决数学问题，探求数学中的奥秘。学生呛水了，能浮起来，鼓励他们自己游，有危险了，扶一把；在洞里绊倒了，能自己爬起来，鼓励他们继续往前走，爬不起来，拉一把；学生遇到问题，鼓励他们想办法解决问题或通过团队力量解决问题，走投无路时，教师才出手相助，这叫"该出手时才出手"。

因此，是否可以作出这样的论断——只有基于学生"自己学"的教学，学习能力与解决问题的能力才能得到有效的提高？

听了许多数学课，无非是这么一个教学流程：创设情境，提出问题；引导探究，解决问题；巩固运用，讲练结合。学习新知过程中，老师很是忌讳讲授方式，而是引导学生探究。这样的课堂改变了以往以讲授为主的传统教学方式，但学生的探究本质上还是遵照老师的指令去做，离开了教师的引导，学生就无所适从了。

叶圣陶先生说：教是为了不教。学生能不能"冲"在老师前面，自己想办法学会呢？

我们先来看看刘老师执教的《认识方程》一课。

一、提出你的问题

师：今天，我们将认识一位在整个数学世界很了不起的人物。

（板书：方程。）

师：你最想了解、知道什么？或者最困惑的是什么？提出你的问题。

生：为什么叫方程？

生：方程是干什么的？

生：方程是什么？

（师板书：是什么？为什么？有什么用？）

师：问题提出来了，接下来做什么？

生：解决问题。

师：请解决！

（学生面面相觑，愣坐在那里，看着老师。）

师：我是不会告诉你们的，你们自己去找答案。

（有些学生开始反应过来，拿起书。）

师：对了，可以在书本里找答案。

二、解决你的问题

（学生自学的过程中，老师提醒学生：把不理解、有困惑的问题标上问号，重要的内容画出来。）

师：哪个问题清清楚楚地写在书上？

生：含有未知数的等式叫作方程。

师：方程必须具备两个条件，第一个条件是等式，第二个是等式里有未知数。

（板书：方程＝等式＋有未知数。）

师：第一个问题"是什么？"已经解决了，第二个问题：为什么要发明这个东西？

生：有用！

生：能解决数学问题。

师：方程为什么存在？很简单！请看屏幕。

（通过三个实际生活中的例子，鼓励学生用等式表达。）

师：$200+2x=2000$ 是方程吗？为什么？

生：是方程，首先它是等式，又有未知数。

师：现在知道方程是怎么来的了吧？

生：知道了！

三、写出你的方程

师：还有什么问题？

生：没问题了！

师：没问题，学习就停止了！我有一个问题：世界上有多少方程？

生：无数个。

师：每个同学都写一个。

（请三个同学在黑板上写方程。）

师：写不完，怎么办？用一秒钟写完。

（老师在黑板上写上省略号。）

师：还有问题吗？

生：没有了。

师：有没有等式，不含有未知数的？写一个。

生：200+40=240

师：不是等式，但还有未知数，有没有？

生：有！$x-20 > 30$。

（师用一个圈把所有的方程圈起来，再用一个圈把所有的等式圈起来，最后用一个大圈把所有的式子圈起来。）

师：你发现了什么？

生：有些等式是方程，有些不是。

生：方程一定是等式，但等式不一定是方程。

师：等式和不等式都统称为式子。

（板书：式子。）

四、找出你的答案

（老师拿出准备好的卡片，发给12位学生，请12位学生走上讲台，游戏开始。）

师：拿着写有等式的同学原地转圈。

（学生仔细看着卡片中的式子，手上卡片写着等式的同学按照老师的指令转圈。）

师：不是等式的转个圈。

（其余学生转了个圈。）

师：写着方程的卡片，请高高举过头顶。其余的同学回到座位上。

［认为自己卡片上不是方程的同学回到座位上。其中一位学生犹豫了老半天，他手中卡片上的等式是：6+（　）=14。］

师：有没有同学帮他作决定？

生：这个等式没有未知数 x，它就不是方程，所以他要回去。

生：括号也是未知数呀！它应该就是方程。

师：未知数可以用 x，也可以用其他字母表示，括号里的数也没告诉我们，也可以看作是未知数。

师：还有没有人应该下去，却没有下去？

生：有，28 < 16+14 不是方程。

师：请你说一句话，就可以下去。

生：它不是等式，所以不是方程。

生：还有，$4x+6$，12+8 两个式子都不是方程。

师：请你们也各说一句话，再走。

生：我有未知数，但不是等式。

生：我没有未知数，也不是等式。

师：剩下的都是方程吗？

生：是！

……

"教会"是老师教给学生知识与技能、方法，学生能运用老师教给的知识与技能、方法解决问题，学生是跟着老师学；"学会"是学生根据自己已有的知识与经验学习与探究新的知识、技能，总结新的方法，教师是帮助学生学。

"教会"与"学会"一字之差，其意义大不相同。

"教会"是把"教"放在第一位，在教的过程中，学生有些是主动的，有些是被动的，无论学生是主动还是被动，都是按照老师的指令学习，通常是先教再练，后运用；"学会"是把"学"放在第一位，学生在学习过程中可能学会，也可能会遇到困难，教师根据学生在学习中遇到的困难和问题，提供有针对性的支持，促进学生的学习，通常是先问再学，后帮助。

"教会"课堂中老师更加关注"怎么教给学生？""学会"课堂中老师关注的是"怎么指导学生学？"教给学生重在让学生掌握知识，指导学生学习重在培养学生的自学能力。

老师都知道选择"学会"课堂是比较明智的，但现在更多的课堂还是前一种类型，因为"教会"课堂容易把握，"学会"课堂难以控制。但如果不下狠心来贯彻"学会"课堂，学生的自学能力就很难得到提高，教师的教永远轻松不起来，重要的是"教"不一定"会"。

还是鼓励学生自学吧，只有下决心把学生逼上前去，才能实现"教是为了不教"之目的。

对于解决一个数学问题，学习一种数学方法，掌握一个数学概念，理解一个数学算理，不要急着教，而要让学生先尝试。

先尝试解决数学问题的优点在于教师能较快地了解学生的学习起点。

学生学习的起点在哪里？学生的起点把握得越准，教学的针对性就越强，教学效率就越高。

如何找准学生学习的起点？最好的办法是前测，就是课前对学生进行有关内容的测试，了解学生已经知道了什么，哪些还不清楚，或者还不理解，最大的困难在哪。

但是，如果每天的数学课都做前测工作，很难办到。老师总是凭着对以往学生的了解来实施现在的教学，但以往学生与现在学生又往往存在较大的差异，从而影响课堂教学的效率。

那么，必须寻找一种策略，能让老师准确地了解学生的真实情况，从而使课堂教学更有针对性，这种策略就是"尝试"。

尝试是学生面对课堂中的数学内容（往往以问题形式存在），在没有教师干预的情形下，自己运用所学知识（已有的知识与生活经验）独立解决新问题。

学生尝试挑战新问题，会有不同的解决方法，不同的解决方法背后是学生不同的想法，教师的任务是让学生暴露各自的做法与想法，然后展开讨论，找到解决问题的正确方法。

让学生先学先试成为我的教学习惯，从先学先试开始，教学变得越来越简单，其中的道理也再简单不过了。

那么，学生有没有自学的愿望，会不会自学呢？

我不断地反问自己：有没有给学生自学的主动权？如果没有给予学生这种权利，我们怎么能知道学生是否有这种愿望呢？怎么知道他们会不会自学呢？

简单地讲，学习是不会到会的过程，教师首先要鼓励学生去做，勇敢地去试，有的尝试成功，有的尝试失败，没有关系，这样教师才能比较准确地了解哪些学生会了，哪些学生还有困难。其次组织会了的和不会的同学展开讨论，交流尝试成功的经验，分析尝试失败的原因，提炼解决问题的方法，做到教"不教学生不会，教了学生才会"的东西。

尝试是孩子的天性，自从孩子从母体里分离出来，就开始尝试，正因为有了尝试，孩子积累了许多的生活经验和知识。许多的发明创造不就是从尝试开始的吗？苏霍姆林斯基说："在人的心灵深处，都有一种根深蒂固的需要，这就是希望自己是一个发现者、探索者。在儿童的精神世界里，这种需要特别强烈。"儿童的这种需要，我把它理解成"老师，我想自己试一试"。

我有什么理由不让学生试一试呢？

在我的课堂里，一个数学问题出现，首先让学生尝试，"你会吗？试试看"已经成为了一句习惯用语。

上二年级上册《8的乘法口诀》时，先做放松操，"今天我们学习8的乘法口诀，会编吗？试试看"。学生自己试着根据书本主题图、数轴、乘法算式编口诀，自编的结果让我吃惊，没有一个不会编的，以前教口诀时一句一句地教到底值不值？学生能编出口诀，我应该教什么呢？

上五年级《稍复杂的方程》时，出示例题后问："你们能解决这个问题吗？"这才发现学生大多都不喜欢用方程解，结果没有几个同学做对。这引发我思考："怎么样让学生喜欢上方程呢？"

……

我把学生的尝试叫作"准备性学习"。

成绩优秀的学生都具有课前准备的习惯。道理再简单不过了：学校开展活动，需要做大量的准备工作，否则活动不可能成功；教研组召开教研活动，听课评课，很多老师评课时无从下手，是因为课前没有作好准备，没有思考，没有带着问题听课；学生尝试后，至少知道自己是怎么想的、怎么做的，自己的想法与做法正确与否；学生尝试运用已学过的知识解决未知的问题，体验尝试成功的快乐，即使尝试失败，也会激发求知的欲望；学生尝试后，教师能准确地了解学生的状况，从而改变原来的教学策略，有针对性地实施下一个环节的教学。

在第二编中，我们已经认识到，学生是能学习的，这一点毋庸置疑。那么就要给学生更大的自主学习的空间，让学生学会根据自己的情况自主选择"我要怎样学"。老师要做的是引导学生有方法、有效率地学。

来看下面的案例。

北师大版五年级下册《分数除法（三）》是用方程解决分数除法问题，题目是：操场上有 6 名同学在跳绳，是参加活动总人数的 $\frac{2}{9}$。操场上参加活动的总人数是多少？

问题提出后，我用了四个步骤引导学生自己解决问题。

1. 鼓励学生自己想办法解决问题，并且能够解释"为什么这样做？"

学生总是觉得这道题很简单，很快列出式子解答，主要有两种做法：

A. $6 \times \frac{2}{9} = \frac{4}{3}$（人） B. $6 \div \frac{2}{9} = 27$（人）

学生对两种做法的判断是：$\frac{4}{3}$ 人肯定不对，因为人数只能用整数表示，何况总人数一定比跳绳人数多。至于第二种做法也说不出所以然。

2. 鼓励学生找出跳绳人数与总人数的关系，并用关系式或图表示出来。

跳绳人数是总人数的 $\frac{2}{9}$

跳绳人数 = 总人数的 $\frac{2}{9}$

跳绳人数 = 总人数 $\times \frac{2}{9}$

6 = 总人数 $\times \frac{2}{9}$

总人数 $\times \frac{2}{9} = 6$

$$\frac{2}{9}x=6$$

3. 鼓励学生用方程解决问题，并验证答案是否正确。（略）

4. 鼓励学生回顾反思解决问题的关键步骤。

以前教学分数除法问题时，会教给学生解题的方法：理解题意，找关键句，分析数量关系，根据数量关系列式解答。有一句名言——"授人以鱼，不如授人以渔"，课堂上，虽然授人以渔，但学生还是听众和回答问题的被动学习者，而不是解题方法与策略的主动发现者。

放手让学生学，进而引导学生学会学习，课堂中没有一个闲人，每一个人都在忙碌着：首先，学生动笔尝试，而后找关系，列出关系式或画图示，接着列方程解答并验证，最后总结解题关键步骤，每个环节都不是教师讲或问，学生听或答，而是学生自己寻找，自己发现和感悟。

因此，授人以渔，不如授人以渔场，教学生方法，不如提供一个能够激发学生创造的场所，让学生自悟方法。

教学生，不如教学生学，提高学生的学习能力，从而达到"教是为了不教"之目的。

讨论到这，你是否明白"先学先试"的意义所在？

德国教育家第斯多惠说："一个坏的教师奉送真理，一个好的教师则教人发现真理。"课堂不是学生依赖老师和接受知识的场所，而是学生发现真理的场所，要做到这一点，就要激发学生大胆尝试，自己寻找答案和选择方法，教师不是教给学生，而是在学生产生疑问、遇到困难时，启发与引导学生反思、改进，从而应用新的方法解决问题，提高自学能力。

"先学先试"的另一意义在于：课堂可以较快地暴露学生思维，教师可以快速地了解学情，从而准确地找到教学的起点，盘活教学资源，做到只教"不教学生不会，教了学生才会"的知识、学生能学的不教、学生能教的也不教，提高教学的针对性与实效性。

方法 2 从先学后补向先补后学转变

老师们对学困生的辅导可谓是煞费苦心，课外总是抽出时间给学困生补课内没有理解与掌握的数学知识，有老师感慨：宁愿教 100 个优生，也不愿教 1 个"差生"！其中有一定道理，教一个学困生可能比教 100 个优生花去的时间与精力还多。

让老师们苦恼的是，费尽心力帮助学困生脱困，取得的效果总是不尽如人意，他们还是班上"拉分"的主力。

那么，我们就应该大胆地质疑并勇敢地改变传统的辅导方式：为什么传统的学困生辅导不起作用呢？

首先，有必要分析学困生之所以困的原因所在。

影响学习成绩的主要原因又是什么呢？

一是遗传。遗传是儿童心智发展的生物前提和自然条件。如果遗传方面的因素没有为儿童的发展提供所必需的自然条件，无论后天如何教育，都不可能达到相应的效果。但是，遗传仅仅是影响儿童发展的一个必要条件，而不是决定条件。一个孩子可能生来就对数理关系敏感，有一定的数学天赋，如果没能受到相应的数学教育，他是不可能成为数学家的。

二是习惯。一个儿童有一定的数学天赋，如果没有良好的行为习惯与思维习惯，数学学习迟早会经不住考验。乌申斯基说："良好的习惯，是人在他的神经系统中所储蓄的资本，这个资本不断在增值，而人在其整个一生中，就享受着它的利息。"

三是基础。学习数学知识需要有一定的基础，这个基础至少要合格，也就是考 60 分，才有学下去的资本。如果没有达到合格成绩，数学学习就会比较困难，学困生大都达不到合格，因此学习数学就感觉很困难了。

遗传因素，我们是无法改变的，老师需要关注的是学生后天的数学教育，如果班级学生的智力正常的话，那么影响学生学习的是习惯、基础等因素。因此，老师在培养学生学习习惯（上课认真、按时作业等）的同时，还要非常重视学困生的辅导。

令人遗憾的是，老师们总是把成绩很差的学生归因为智力问题，而不是分析成绩差背后的深层次原因，因为许多老师献出了大量的精力和时间辅导学困生，效果总是不如意。

教师的投入远远小于产出，这是为什么呢？

请看下面的案例。

王浩的作业一塌糊涂，我心里很着急。

"王浩，到老师办公室里来一下。"我想叫王浩到办公室里补课。

在办公室里，等了足足有 10 分钟，还是没等到王浩，我只好重新回到班上。

"王浩呢？"我问还在教室里的学生。

"老师，你没把王浩的书包留下，王浩就溜了。"几个学生对着我笑得很神秘。

"为什么要把书包留下呢？"我感到好奇。

"张老师每次叫王浩补作业，就用这种办法，王浩就乖乖地听话了。"学生为我出招。

第二天，我悄悄地把王浩的书包截留了，果然，王浩跟我回到办公室，开始了我对他的第一次补课。

我把昨天学习的"分数混合运算"内容重新讲解了一遍，王浩的心思好像不在补课上，眼睛总是左右环顾，心神不宁，像做贼似的。

终于把课堂上的内容"过"了一遍，我想：王浩应该没问题了吧！

"会了吗？"

"会了！"

"老师给你几道题试试。"于是我出了几道昨天做的作业让王浩当着我的面做。

结果出乎我的意料，王浩还是一道题都不会做。我心想：天底下难道还有这么笨的人！

我控制不了自己的情绪，把握在手上的铅笔用力地摔在办公桌上，铅笔断成两截，王浩紧缩双手站在我旁边，显得很害怕。

我提高了嗓门，耐着性子又给王浩讲解这几道作业，王浩一声不吭，盯着作业本，眼睛闪着泪花。

我这才知道，我的第一次补课失败，也就失去了对他的信心。

难道王浩真的无可救药吗？我开始长时间地思考这个问题。

……

　　老师的"再教育"没有起到应有的作用，不是因为王浩笨，而是王浩基础太薄弱，根本无法理解与掌握分数混合运算问题，而我无视王浩的基础，采取"赶牛上树"的"笨"办法，补课自然就失败了。

　　给学生补课，就像炒旧饭，是一件非常无趣的工作，被补的学生在课堂上没有学明白，课后在老师办公室接受再教育，也是一件令人难受的事。在接受再教育过程中，学生感受最多的是学习的艰难与痛苦，教师的讲解是课堂上的重复，课堂上听不懂，在特定的情境（办公室）下还会听得懂吗？当教师的劳动没有回报或学生的回报没有达成预设的效果时，无论是教师还是学生，都会显得无奈而失去自信。

　　课堂上，总有学生开小差，甚至做恶作剧，不仅影响自己的课堂学习，还会影响全班的课堂学习效率。因此，保证课堂教学的有序，是提高课堂效率的前提。如何让这部分学生进入课堂学习，参与课堂讨论，是老师们必须思考的重要问题。那么，首先应该分析这部分学生为什么开小差，为什么恶作剧。

　　这部分学生进入不了学习状态的原因主要有两个：一是课堂教学内容吸引不了他们，他们感到无趣。二是学生基础薄弱，对于新的知识，他们无法理解与掌握。

　　对于第一个原因，教师课前备课时考虑如何激发学生的兴趣，选择有趣的教学内容吸引学生，但第二个原因的解决就困难多了，因为学生学习基础薄弱，意味着他根本无法完成所学内容，这是显而易见的。当一个学生距离新知非常遥远，茫然无措时，无论你选择的教学内容有多好，都无法吸引这部分毫无感觉的学生。唯一的办法是降低教学内容的高度，让这部分学生能跳上去，但降低内容的高度，却忽视了大部分学生的学习感受，对于大部分学生来说，降低教学内容的高度，课堂学习是无用而低效的。

　　以人为本，就是以大多数人的利益为本，教学内容的选择还是要以大多数人的情况为依据，不能为了少部分人而舍去大部分人。那么，如何在关注大部分人的同时，也能让少部分人参与其中，基本地理解与掌握新知呢？

　　教师需要解决的最为关键的问题是：如何让少部分学困生也有能力学会新知？要让这部分学生学会新知，就要增加学会新知的资本，这个资本就是前面与新知有关联的基础，就像人上楼梯一样，一共有十个台阶才能到二楼，有些已经在第九个台阶，上二楼就容易了，而有的可能在第三个台阶，要一步跨到二楼是很困难的事，而上到第九个台阶，上二楼就很容易了。

老师要做的事就是帮助这部分学困生提前上到第九个台阶，学生就具备了学习新知的"资本"，到达二楼就不成问题了。

学困生是需要老师的帮助的，这是毫无疑问的。老师怎么帮助学困生掌握数学知识，重建学生的学习自信心呢？

下面的一个案例，也许对我们有所启发。

新接五年级一个班，又遇上了两位"神仙"：一个叫皓，一个叫思。皓有"多动症"，思有"自闭症"，相同的有两点：一是两位都不做作业，每天想办法躲避科代表的检查；二是上课从不与老师站在统一战线上，无论你多热情，课堂多有趣，总是活在自己的世界里。这样下去，考试肯定交白卷。

听说上学年期末考试，两位都得了个位数的成绩。新学期有了新面貌，两位"神仙"运用我教给他们俩的"胡编乱造"战术，第一单元的测试比上学年期末测试成绩高出许多，取得了22分和34分的"好成绩"，让我欣喜若狂。

能够胡编乱造，说明并非弱智。

第二天学习的内容是《平行四边形的面积》，如果按照以往教学的惯例，两位"神仙"又当一回旁观者，活在自己的世界里，这种状况一定要改变，越早越好。

我选择了课前补课的方法，试图改变现状。

学习平行四边形面积需要哪些知识支撑？一是平行四边形面积推导需要三年级所学长方形面积知识；二是需要把平行四边形转化成长方形，如果没有前期铺垫的话，两位"神仙"压根是想不到的；三是把平行四边形转化成长方形，需要沿着高割和补成长方形，底和高两个概念的学习非常重要。

这三个支撑点，前面都有学习，问题是两位"神仙"不给力，支撑不起新知的学习任务，办法只有一个：课前帮助他们补上这三根"柱子"。

第一根"柱子"很快就竖起来了，因为是三年级时学的，补上这一课比较容易，我用画格子的办法帮助他们理解"为什么长方形面积等于长乘以宽？"为了让他们能想到把平行四边形转化成长方形，我利用方格图比较底（长）和高（宽）一样的平行四边形和长方形的大小，两位"神仙"一下就看出两个图形大小相等，把平行四边形那个"角"补到另一边就变成了相同的长方形。接着，利用生活中"限高"帮助他们理解图形的"高"。

为什么老师与他们单独在一起的教与学不成问题，而在课堂上的学习却那么困难呢？也许是课堂上面对全班学生，对两位"神仙"的关注不够。

上课时，我密切关注两位"神仙"的表现，当我问道"怎样把平行四边形变成以前学过的图形？"，皓第一个举起了手，让我感到很惊讶，我当即请他回答。

皓大声地说："可以把平行四边形变成长方形！"

"怎么变呢？"

"把左边的'角'切开，移到右边就变成了长方形。"

同学们也很诧异，今天的皓不一般。

"变成长方形后，长方形的面积怎么求？"我鼓励他继续往下说。

"用长方形的长乘以宽。"皓显得很自信。

"这里只告诉我们平行四边形的底和高，没说长和宽呀！"我把眼光投向"自闭"的思。

"长就是底，宽就是高。"思也举起了手说。

……

从不举手的两个家伙，今天举起了手，并作了精彩的回答，让所有的同学都刮目相看。自然，皓和思都学会了平行四边形面积的计算方法。

下课后，我又找了他俩，给了他们一个标有底和高的三角形，鼓励他们想办法求出三角形的面积。

两人第一反应就是怎么把三角形变成平行四边形或长方形，令我感到意外！但与我预设的一样，他俩找不到把三角形变成平行四边形或长方形的方法，我给了一个平行四边形和一个长方形，提示他们：怎么把平行四边形与长方形一分为二？

很快，他们沿着对角线剪开，两个三角形刚好能重合。

"现在你知道怎么把三角形变成平行四边形或长方形了吧？"我进一步启发。

"把两个一样的三角形，拼成平行四边形！"他俩终于有所发现。

"平行四边形的面积是底乘高，那么三角形的面积呢？"

"一半。"

"明天，还是你俩当老师。"

……

第二天，他俩在课堂上的表现会怎样呢？你知道的。

学习新的知识需要具备一定的学习条件，学困生的学习现状是达不到学会新知的条件的，也就是说存在很大的缺口，补上缺口，一旦拥有了学习新知的条件，达成学习目标是很容易的。

$$学习现状 \xrightarrow{\text{缺口期}} 学习条件 \xrightarrow{\text{发展期}} 学习目标$$

学习目标与学习条件、学习条件与学习现状之间的落差分别叫作发展区与缺口区，从学困生的现状分析，补缺口区更为重要，补上了缺口，就具备了达成目标的条件，缺口没补上，无论多努力，目标都无法实现。因此，无论老师多么使劲，学困生还是"困"，就不足为奇了！

很难想象，一点都学不明白的学生，每节课都能安心地待在教室里，学困生做小动作、违反课堂纪律也就不奇怪了，你让他们做什么呢？

课前补课的意义在于，让学生具备学习条件，也能够实现学习目标，更重要的是，学困生重新燃起了学习的热情和久违的那份自信。

然而，课前补课毕竟要"牺牲"教师与学生的休息时间，经常补课不是长久之计，这就迫使我把"开小灶"的活放在课内，但又不能因为给几个学困生"开小灶"，而影响其他学生的学习进度，违背"以大多数人的利益为本"的人本理念。

这是一个两难的问题：既要做"保底"工作，让学困生能学会基本知识与技能，又不能"封顶"，让其他学生得到更好的发展。鱼与熊掌皆可兼得，需要在课堂 40 分钟内精打细算。

怎么操作呢？下面以《分数乘以整数》为例谈谈如何在课内补课。

《分数乘以整数》是分数乘法第一课，起始课是打开单元学习的一扇窗，打开这扇窗才能看到里边的风景，因此，上好起始课非常重要。

我在三个方面做好"保底"工作：

一、课前备课时关注学困生

分数乘整数的"分子与整数相乘，分母不变"的计算方法，学困生在算理的理解上有困难，是因为分数乘整数的前概念"乘法的意义"的掌握存在问题，为此，可以把将分数乘以整数变成相同加数相加作为帮助学生理解的一种策略。也许学困生对于"相同加数相加，分子相加，分母不变"这一算理的理解还是有困难，那么画图是另外一种辅导策略的选择。

二、课堂教学时关注学困生

课堂上，绝不能给学困生"休闲"的机会，得让这些学生动起来、忙起来。

$\frac{1}{5} \times 3$ 等于多少？问题出示后，几个学困生自然被请上讲台，请上讲台的意义在于让他们成为课堂的主角，而不是滥竽充数。果然，他们的方法是：$\frac{1}{5} \times 3 = \frac{3}{15}$，分子和分母分别乘整数。

老师当然不急于否定学生的想法与做法，有些学生提出了异议，学生讨论的机会出现了。小组讨论的作用在于，学优生起到了老师的作用，学困生得到了小团队的辅导。

集体讨论或辩论时，一是借助乘法的意义把乘法与加法联系起来：$\frac{1}{5} \times 3 = \frac{1}{5} + \frac{1}{5} + \frac{1}{5} = \frac{3}{5}$；二是借助图帮助学生理解 3 个 $\frac{1}{5}$ 是 $\frac{3}{5}$。

$2 \times \frac{3}{7}$ 等于多少？先画图，再把它转化成加法计算。自然，请上讲台在黑板上板演的又是学困生，其他同学成为评判与指导者。

相信，通过两个回合的指导，学困生应该基本掌握了分数乘整数的算理与算法。

三、自主作业时关注学困生

十几分钟的作业时间是老师单独指导的好时机，也是课堂内学困生问题补救的最后时机。在这段时间里，老师站在几个学困生旁边，进一步提升他们的"战斗力"，把更多的问题解决在课内，帮助他们的作业得"优"。

课堂上在规定时间内完成作业得"优"者，可以获得免做课外作业的资格，以此作为奖赏，这比获得一份奖品更能吸引人，因为学困生最烦的事莫过于做家庭作业了。为了能获此殊荣，学困生强迫自己把主要精力投入课堂学习之中，理解与掌握所学知识，才能更好地完成课内作业，争取课内作业得"优"。当学生的课内作业得"优"时，学生体会更多的是学习成功的快乐。

我把它叫作"项目带动战略"。

课内补课，老师在课前准备时，要更多考虑学困生，什么问题请学困生回答？什么任务让学困生完成？用什么方法帮助学困生理解与掌握？不能让学困生有偷懒的机会，想办法把他们逼上学习的前沿，让学困生动起来、忙起来，提高学困生学习的效益。

长此以往，学困生就能脱"困"了！

讨论到这，你是否明白了学困生之所以"困"的主要原因，并改进你的"扶贫"计划呢？

如果你勇于改变传统的辅导方式，把课后辅导变为课前辅导或课内辅导，增加学困生能学会的资本，提供与学优生同等的机会让学困生表现自己，长此以往，学困生的学习习惯、学习意志力、学习自信心一定会一点一滴地积累与形成，从而让学困生步入快速学习的轨道。

方法3　从课外作业向课内作业转变

台湾台北小学的吕玉英老师给我讲了一个故事：她应邀参加浙江"千课万人"活动，一位全国知名特级教师上了一节"精彩课"。就是这节"精彩课"，她认定大部分学生没有真正理解与掌握新知。为了证实自己的判断，下课后她悄悄地跟着学生回学校，向校长申请在这个班再上一节同内容的课。

吕老师在与学生的交流过程中发现，大部分学生的确没有在名师课上掌握新学知识，用了70分钟时间终于把学生"拽"了回来。

一节"精彩课"，怎么会制造出这么多的"问题学生"呢？

我上过无数次评优课、公开课、示范课，对这个问题作了深入的分析与研究后，我有了切身的体会。

一节好课的最低标准应该是"学会"，评优课判断学生是否学会的依据是学生在课堂中的表现（回答问题与展示思维过程），那么回答问题或展示学习成果的是谁？应该是班级里那些"懂"了的学生。由于课堂时间有限，回答问题或展示成果的机会只能给少部分学生，并且一般给举手的学生，而学生之所以举手，是对自己的回答充满信心，他们造就了课堂的"精彩"。

如果就此认为课堂上的学生都学会了，那就大错特错了！

在师生互动的课堂教学中，学优生的正确回答掩盖了其他学生的困惑不解，而学生并不愿意暴露自己的"疑惑不解"，教师只能通过举手学生的发言了解该学生是否理解学习内容，而无法了解没有举手发言学生的真实学习情况，教师通过学生的发言来了解所有学生的学习情况就不是那么准确到位了。

课堂教学可能的结果是：懂了的已经懂了，不懂的还是不懂。

在一次到武夷山市送教讲座中，一位老师给我提出一个让他百思不解的问题："我的课，学生很喜欢，我也努力把课上得精彩，但学生的作业与课堂的精彩不成正比，为什么？"

这可能是许多老师心中困扰的问题。道理再简单不过了，精彩课堂只让部分学生理解与掌握了新的知识，而没有把"理解与掌握"的目标真正落到每一个学生身上。

有人会说："精彩课堂实现了情感态度与价值观目标。"是的，让学生喜欢你的课是学好一门学科的重要因素，它激起了学生的学习兴趣、求知欲望。但很难想象，学生在每一节课的学习中积累了越来越多的问题，学习越来越感到困难的时候，学习的兴趣与欲望能够坚持多久。

只有从"不懂"到"有点懂"，再到"真的懂了"，学习的兴趣才能继续保持下去，学习才能延续下去。

那么，"不懂"的学生愿意回答问题或展示他们"糟糕"的学习成果吗？不愿意，教师也不能强迫学生做他们"不愿意"的事情，只能让"懂了"的学生回答问题或展示学习成果，课堂自然就成为了"懂了"的学生的课堂。

那么，要了解学生的学习情况，只有在相对"安全"的环境下，让学生真实地暴露自己的"困惑不解"。

这个相对"安全"的环境是什么？学生怎样暴露自己的学习情况呢？

最好的选择是课堂作业。

　　一堂40分钟的数学课，教师要完成一定的教学任务，让学生在课堂学习中有一定的发展，但教师的任务完成与否，当看学生是否达到了教师预设的目标。然而，教师判断学生是否完成教师预设的目标，一般看课堂上学生的表现与应答的准确性，这种靠看的判断并不太可靠，学生的家庭作业成为判断的另一个依据，但这一信息又来得比较晚，当教师从学生的家庭作业发现问题时，新的教学任务又来了，补救的时间得不到保障，问题就无法得到及时有效的解决。

　　当教师上完一节课时，无法比较准确地获知每一个学生的课堂学习情况，哪些学生已经掌握了？哪些学生还有很大的困难，需要得到更多的帮助？可能许多的问题就留下来了，这些问题将成为学生继续往下学的"拦路虎"。

　　一堂课上，准确无误地获取学生掌握新知的"情报"是多么的重要！那么，怎样才能更加准确地获取学生学习的"情报"呢？最好的办法就是看学生的独立作业。学生独立做作业，没有人提醒，没有人指导，各做各的，每个学生都会觉得安全，这是学生课堂学习情况的"裸露"，也是学生对刚才在老师指导下学习的消化与吸收。

　　因此，在我的课堂里，肯定会安排独立做作业的时间的。在学生独立做作业的时间里，教师做好两件事：前一阶段做"保底"工作，观察学困生理解与掌握的情况，并有针对性地指导，这一阶段对于学困生是非常重要的；第二阶段是做反馈工作，批改学生完成的作业，最早完成作业的学生往往是学优生，完成作业的质量相对较好，需要更正的作业较少，第一个被批改作业的学生成了后面完成作业的批改者，以此类推，完成作业的学生越来越多，而批改作业的学生也越来越多，大部分学生的作业都能当堂反馈、当堂更正。

　　当堂做作业、当堂批改、当堂反馈给每个学生造成了一定的压力，为了完成好不带回家做的作业，需要提高课堂学习效率，掌握作业前学习的内容与方法。作业的好坏有奖惩办法，得到"优"的学生可以不做家庭作业，对于几个学困生也有特殊政策，只要达到"及格"就可以获得这项资格。我想：学困生每天的作业都能得"及格"，考试应该也能达到及格水平，就可以脱"困"了。

　　鼓励学生做好课内作业，提高作业与上课的效率，许多学生也获得了更多的课后自由活动时间。同样，作业的批改在课内完成，减少了家庭作业的数量，老师的工作量不也减轻了吗？试想：如果没有课内独立作业，而把作业布置在课外做，第二天上交作业，老师批改完，把作业发给学生，学习效果会是怎样呢？

这样一推一拉、一软一硬的办法是不是很接地气、很有效益呢？

我们还有必要进一步深入讨论课内作业的功能与作用。

做作业到底为了什么？

老师们恐怕没有认真地想过这个问题，认为做作业是天经地义的事情，做作业是学习的一个部分，学习就必须做作业。

如果真要回答这个问题，大多数老师会这样回答：做作业是为了巩固课堂中所学的内容，使所学内容能比较熟练地掌握，这一目标当然不会错的。但从"思维能力"和"创新能力"培养的角度看，作业的这一定位是不全面的。

巩固新知只是重复课堂所学，更多的是记忆与操练。学习的主体是学生，学生学会学习需要老师的帮助，老师对学生学习的指导主要在课堂。课堂上，老师指导学生学习主要有两个任务：帮助学生理解与掌握新知和努力促进学生的继续学习。

促进学生继续学习的理念是，学习不仅在课内，也可以在课外，是伴随学生终生的，教师的课堂学习指导只是学生学习的一种重要方式，或者说是一个重要的组成部分。基于这样的认识，做作业可以理解为学生的独立学习方式，是课堂教学的再学习，这种学习不应该再重复课堂学习，应是课堂教学的延续，是更具挑战性和创造性的学习活动。

数学内容的系统性与延续性告诉我们：学生学习新知需要一定的基础支撑，没有一定的基础，学生的学习是有困难的，学生的每一个知识点的学习，是为下一个学习内容奠基。从这个角度去认识作业，就会对作业有新的认识，作业就是能让学生顺利往下学的重要工作。

因此，我们可以把作业的功能归结为三种：一是巩固性作业；二是延续性作业；三是准备性学习。

巩固性作业是对课堂学习内容的巩固，使课堂学习内容记忆更加深刻，理解更加到位，解题更加熟练。

巩固性作业在什么时间完成？

看了许多的数学公开课、评优课，都没有课堂上完成作业的环节，执教老师担心安安静静的课堂作业会影响课堂教学的"精彩度"。课堂总结时，老师总是会问这样一个问题："通过这节课的学习，你有哪些收获？"学生的回答总是出乎老师的预期，给前面环节的"精彩"泼一盆冷水。

我在思考：为什么？

原因很简单，学生只有进食，而没有消化与吸收的时间，也就是说，教学内容没有落到学生的心里。

教学内容落到学生的心里，需要有消化与吸收的时间，就是学生独立做作业的时间，学生能很好地独立完成作业，才能说明学生真正理解与掌握了课堂学习的数学知识。

数学教师上了很多数学课，看了许多的公开课，关注更多的是怎样备课、上课，较少研究作业。大部分老师布置给学生的是现成的教辅作业和教材中例题后面的练习，作业是重复课堂知识，巩固课堂上所学的知识，不断地"炒旧饭"，学生对作业没有好奇心与求知欲，作业慢慢地成为一种心理负担。学生对作业的抵触心理自然会影响到对数学的学习热情，这也是学生对数学不感兴趣的一个重要原因。

延续性作业是课堂学习的延续，它不重复课堂上的内容，量不多，但需要运用课堂所学的知识与方法解决新问题。

准备性作业就是有意识地设计与下一节数学课有关联的铺垫性的作业，它为新课搭好脚手架，帮助学生顺利地往下学。

这一种类型的作业，老师们很少去关注，细心的老师会发现，教材里的一些练习实际上就是为下一节课作准备的。

有些模块的课本内容与前面所学的同一模块内容相隔时间较长，新的知识对于大部分学生来说比较陌生，需要作一些学习准备。有些学习内容本身比较抽象，学生难以建立概念，而课堂时间又有限，需要课前作一些直观准备。

因此，把课堂教学目标落到实处还需要一个环节——课堂作业。这让我想起了全国著名特级教师王永老师说过的一句话："一堂课，如果没有10至15分钟的作业时间，那么，这堂课的教学质量令人置疑。"

学生过重的课业负担主要体现在课后作业量过多，减少课后作业量就要想办法在课内完成作业。总结课堂作业的作用，至少体现在以下六个方面：

（1）对课上学习内容的消化与吸收；（2）当堂检测，了解学生新知掌握的情况；（3）提供了个别辅导的时间与机会；（4）有利于当堂反馈；（5）一次作业，一次检测，促进学生提高新知学习的效率；（6）课堂作业减轻课业负担，提高教学效率。

课堂内的作业是否可以在课内批改，当堂反馈？实践证明：课内作业大部分可以在课内批改。课内批改既能及时反馈，及时更正，又能减少课后教师的工作量，教师就可以把时间放在后面课堂教学的准备上。

课堂教学准备得充分、到位，教学效率才能得到提高，教学效率提高了，就可以留足时间完成课堂作业，作业解决在课堂内，课后就有更多的时间作好下一节课的准备……这样，教师的教学工作就走向了良性循环的轨道。

策略三讨论完毕，策略三介绍了三种方法。三种方法都从学生的认知规律出发，改变传统的课堂结构，使教学结构更加科学，课堂教学更加有效。

我把这几个"前置式"教学策略概括为"五前置"教学策略。"五前置"是指自学前置、作业前置、批改前置、辅导前置和工作重心前置。

（1）自学前置。

自学前置是指学生自学先思的学习方式，它要转变的是只会跟着教师学习的被动方式。

自学前置有两种方式：课前自学和课内先思。

自学前置能强化课堂学习的目的性，在先思先学中，学生会遭遇一些问题与难题，进而带着问题参与课堂学习；自学前置还能培养学生的自主性，提高学生独立学习的能力。

自学前置提供了教师了解学生的机会，能准确定位教学的起点。

（2）作业前置。

作业前置强调作业布置方式的转变，它变课外作业为课内作业。

因为学生过重的课业负担主要体现在课后作业量过多，所以减负首先要减少课后作业，将作业前置到课内完成。由于场所固定、时间限定、数量确定，课堂作业能更准确地呈现教学效果，还由此培养了学生的"效率意识"。而只有师生共同具备"效率意识"，课堂效率才能真正得到提高。

（3）批改前置。

批改前置强调作业批改这一教学环节的转变，它将课后批改变为课内批改。

课内批改形式可以是面批面改、互评互改等。它可以在第一时间诊断学生知识掌握的情况，并以最快的速度进行反馈与引导。

老师改完一个学优生的作业，让他也担任批改者，学生也按老师的做法批改同组学生的作业，简单又快捷。这样，当堂批改就成为可能，即使没有办法做到全批，将没有改完的一小部分作业留到课后改，也能够在最短的时间内发放给学生。

由此，老师可以从学生的作业堆里解放出来，把更多的时间投入到课前准备中。

（4）辅导前置。

辅导前置强调辅导形式的转变，它变课后辅导为课前辅导或课内辅导。

学困生之所以"困"，最重要的原因是基础薄弱，解决这一问题的有效方法是课前进行针对性辅导，提高学困生学会的可能性。

在新授过程中，要提供机会让学困生展示，引导他们投入学习。在学生独立做作业时，教师的主要任务是走近学困生，给予适当辅导与激励，不给学困生"偷懒"的机会。长此以往，学困生逐步累积了学习自信心，渐渐形成了学习意志力，慢慢养成了良好的学习习惯，教育的效果这才一点一滴地显现出来。

（5）工作重心前置。

工作重心前置是指教师把多数时间用来充分作好课前准备。在前四项前置的基础上，教师不再需要把每天的多数时间用来进行课后辅导和批改作业了，而可以将之用于研究教材、研究学生、设计教学方案等，使课堂教学效率最大化。

教师从学生的作业堆里解脱出来，就有充分的时间思考教与学的问题，根据教育理论来反思自己的经验，不断提升自己经验的品质，从而步入专业发展的良性轨道。

附　录

读完戴特的书稿，脑中浮出一个题目：带一抹曙光给孩子。后来，我将"带"改成"戴"。一则有一曙光姓戴，二则戴有置曙光于孩子头顶之意。

曙光，是晨曦，是清脆的鸟鸣，是无尽的清新，是希望的开始。

曙光曾经是个坏孩子，在乡村的田野干过不少坏事，因为老师的一碗可口的米粉和对老师找到自己的惊诧，从数学的"尾巴"成为数学的"天才"。所以，他不相信有"坏"的学生。于是，千方百计地求证成为他数学教学的底色，因为他知道孩子是怎么想的，这样的案例便汩汩而来。

曙光的孩子曾经也不喜欢数学，可是后来的数学却如此优秀，这种体验深刻地告诉他，数学应该怎么教，应该教什么样的数学。

……

好像曙光的整个人生经历，或人生成长，都是为他成为一名真正的老师而准备的。

所以，无论何时，他总能在课堂上，给孩子的灵性，戴上一抹曙光，金色的曙光。

——俞正强
（浙江省金华市站前小学校长，特级教师）

对教学而言，"教什么"并非永远都比"怎么教"更重要，只是逻辑上占先而已。换个角度看，也可以说"怎么教"比"教什么"更重要，因为执行才真正决定成败。所以，习总书记说："空谈误国，实干兴邦。"李克强总理说："喊破嗓子，不如甩开膀子。"睿智的戴校长显然深蕴教学的真谛，"教什么"和"怎么教"同样重要。书名为《数学，究竟怎么教》，但开篇却从"数学，究竟教什么"谈起。更难能可贵的是书中收集了几十个案例，可爱的戴校长似邻家大哥般娓娓道来，朴实、生动，平添了该书无穷的阅读乐趣。本书不仅是戴校长个人智慧的结晶，更是广大教师日常工作的好参考及专业成长的好帮手。

——刘　松

（杭州市文海教育集团副总校长，特级教师、中学高级教师）

　　戴曙光老师真实做教育，踏实勤思考，书中处处可见，做的是朴素的事情，说的是朴实的话。"数学，究竟教什么""学生，究竟怎么学""教师，究竟怎么教"，常思考，却鲜有人以如此专业的水准执著追问。"专业"实在是无法穷尽的漫长和遥远，但基本素养可以拥有，那就让我们循着戴老师的追问在这漫长和遥远的教学之路上行走。我们都无法拒绝：一直在路上！以此共勉！

——罗鸣亮

（福建省普通教育教学研究室小教室副主任）

后　记

　　华东师范大学出版社朱永通先生听了我上的几节课，"逼"我写一本《简单教数学》专著，2012年9月终于被"逼"出来了。

　　原来，我也能做自己想都不敢想的事！

　　没想到，永通先生继续鼓励我写第二本《数学，究竟怎么教》，也与出版社签订了合同，但迟迟交不了稿，很是抱歉！

　　永通先生安慰我：不要紧，慢慢来，好书不是速成的。我的这本《数学，究竟怎么教》是不是好书，得由读者说了算。

　　我心中的好书是能让人看得懂、有碰撞、有思考、有启发的书，因此，我选择教师身边发生的故事与读者分享。

　　由于自己理论水平不高，不敢太过理论，更多地以案例形式阐述自己的数学教育心得，写理论家们没有的东西，以图占点便宜。

　　本书呈现了几十个案例来阐述"数学，究竟教什么""学生，究竟怎么学""教师，究竟怎么教"三个问题，这些都是自己亲身经历和难以忘怀的教育故事，以求真情实感。

　　围绕"教什么""怎么学""怎么教"这三个问题来写，基本是对当前课程改革的冷思考。

　　课程改革过程中出现了许多时髦的教学用词，如微课、慕课、翻转课堂……给学生提供了更多学习方式的选择，但都是形式上的改革，而非本质上的改变。课程改革最为核心的两个问题：一是学校开设的课程是否适合学生？如果不适合，改。二是课堂教学是否适合学生？如果不适合，改。也就是说，课程改革一切为了学生而改。

　　因此，课程改革最要研究的是学生。

正因为如此，这本书三个问题的聚焦点是学生，从学生的学出发，追寻学生需要什么样的数学，学生是怎么学数学的，教师应该怎样教学生学，力图告诉青年教师这么一句话：真正的有生命的数学课堂，应该是从学生的学开始的。

有人说：学生是一本难以读懂的书。是的，研究学生永无止境且意义深远，因为真正的课改不是拍拍脑门的事，是为了提供更适合学生的教育。为了学生的成长，我们当研究学生，研究学生的认知特点、成长规律以及他们长大后所要面对的未来的社会。

这本书的出现，要感谢的是我的学生与同事，没有他们，也就没有这么多的故事。还要感谢华东师范大学出版社的永通先生及各位编辑的指导与帮助。

2015 年 12 月

图书在版编目（CIP）数据

数学，究竟怎么教 / 戴曙光著 . —上海：华东师范大学出版社，2016.1
ISBN 978－7－5675－4831－2

Ⅰ.①数... Ⅱ.①戴... Ⅲ.①数学教学 Ⅳ.① O1

中国版本图书馆 CIP 数据核字（2016）第 031945 号

大夏书系·数学教学培训用书

数学，究竟怎么教

著　　者	戴曙光	
策划编辑	朱永通	
审读编辑	卢风保	
封面设计	百丰艺术	

出版发行	华东师范大学出版社
社　　址	上海市中山北路 3663 号　邮编　200062
网　　址	www.ecnupress.com.cn
电　　话	021－60821666　行政传真　021－62572105
客服电话	021－62865537
邮购电话	021－62869887　地址　上海市中山北路 3663 号华东师范大学校内先锋路口
网　　店	http://hdsdcbs.tmall.com

印 刷 者	北京季蜂印刷有限公司
开　　本	700×1000　16 开
插　　页	1
印　　张	14.5
字　　数	237 千字
版　　次	2016 年 4 月第一版
印　　次	2023 年 5 月第十二次
印　　数	35 101 - 36 100
书　　号	ISBN 978－7－5675－4831－2/G·9173
定　　价	49.80元

出 版 人　　王　焰

（如发现本版图书有印订质量问题，请寄回本社市场部调换或电话 021-62865537 联系）